农作物种质资源技术规范丛书

黄秋葵种质资源描述规范和数据标准

4-45

Descriptors and Data Standard for Okra (*Abelmoschus esculentus* L. Moench)

余文权 郑开斌 周红玲 等 编著

中国农业科学技术出版社

图书在版编目（CIP）数据

黄秋葵种质资源描述规范和数据标准／余文权，郑开斌，周红玲等编著．—北京：中国农业科学技术出版社，2016.12
（农作物种质资源技术规范丛书）
ISBN 978－7－5116－2888－6

Ⅰ.①黄…　Ⅱ.①余…②郑…③周…　Ⅲ.①黄秋葵－种质资源－描写－规范②黄秋葵－种质资源－数据－标准　Ⅳ.①S649－65

中国版本图书馆 CIP 数据核字（2016）第 305761 号

责任编辑　张孝安　崔改泵
责任校对　马广洋

出 版 者　中国农业科学技术出版社
北京市中关村南大街 12 号　邮编：100081
电　　话　（010）82109708（编辑室）　（010）82109704（发行部）
（010）82109709（读者服务部）
传　　真　（010）82106650
网　　址　http://www.castp.cn
经 销 者　各地新华书店
印 刷 者　北京富泰印刷有限责任公司
开　　本　710mm×1 000mm　1/16
印　　张　7
字　　数　150 千字
版　　次　2016 年 12 月第 1 版　2016 年 12 月第 1 次印刷
定　　价　38.00 元

《农作物种质资源技术规范》

总编辑委员会

《黄秋葵种质资源描述规范和数据标准》
编著委员会

主 编 著 余文权 郑开斌 周红玲

副主编著 洪建基

编著人员 余文权 郑开斌 周红玲 洪建基 赖正锋
郑云云 姚运法 练冬梅

绘　　图 周 亲

审 稿 人 (以姓氏笔画为序)
方 沩 卢新雄 许伟东 张玉灿 李锡香
祁建民 陈秀萍 宗绪晓 金关荣 曹永生
粟建光 揭雨成

审　　校 曹永生

《农作物种质资源技术规范》

前　　言

农作物种质资源是人类生存和发展最有价值的宝贵财富，是国家重要的战略性资源，是作物育种、生物科学研究和农业生产的物质基础，是实现粮食安全、生态安全与农业可持续发展的重要保障。中国农作物种质资源种类多、数量大，以其丰富性和独特性在国际上占有重要地位。经过广大农业科技工作者多年的努力，目前已收集保存了47万份种质资源，积累了大量科学数据和技术资料，为制定农作物种质资源技术规范奠定了良好的基础。

农作物种质资源技术规范的制定是实现中国农作物种质资源工作标准化、信息化和现代化，促进农作物种质资源事业跨越式发展的一项重要任务，是农作物种质资源研究的迫切需要。其主要作用是：①规范农作物种质资源的收集、整理、保存、鉴定、评价和利用；②度量农作物种质资源的遗传多样性和丰富度；③确保农作物种质资源的遗传完整性，拓宽利用价值，提高使用时效；④提高农作物种质资源整合的效率，实现种质资源的充分共享和高效利用。

《农作物种质资源技术规范》是国内首次出版的农作物种质资源基础工具书，是农作物种质资源考察收集、整理鉴定、保存利用的技术手册，其主要特点：①植物分类、生态、形态，农艺、生理生化、植物保护，计算机等多学科交叉集成，具有创新性；②综合运用国内外有关标准规范和技术方法的最新研究成果，具有先进性；③由实践经验丰富和理论水平高的科学家编审，科学性、系统性和实用性强，具有权威性；④资料翔实、结构严谨、形式新颖、图文并茂，具有可操作性；⑤规定了粮食作物、经济作物、蔬菜、果树、牧草绿肥等五大类100多种作物种质资源的描述规范、数据标准和数据质量控制规范，以及收集、整理、保存技术规程，内容丰富，具有完整性。

《农作物种质资源技术规范》是在农作物种质资源50多年科研工作的基础上，参照国内外相关技术标准和先进方法，组织全国40多个科研单位，500多名科技人员进行编撰，并在全国范围内征求了2 000多位专家的意见，召开了近百次专家咨询会议，经反复修改后形成的。《农作物种质资源技术规范》按不同作物分册出版，共计130余册，便于查阅使用。

《农作物种质资源技术规范》的编撰出版，是国家农作物种质资源平台建设的重要任务之一。国家农作物种质资源平台由科技部和财政部共同设立，得到了各有关领导部门的具体指导，中国农业科学院的全力支持及全国有关科研单位、高等院校及生产部门的大力协助，在此谨致诚挚的谢意。由于时间紧、任务重、缺乏经验，书中难免有疏漏之处，恳请读者批评指正，以便修订。

总编辑委员会

前　言

黄秋葵是锦葵科（Malvaceae）秋葵属（*Abelmoschus*）一年生草本植物。其英文名为Okra，学名为*Abelmoschus esculentus* L. Moench，别名秋葵、黄葵、补肾草、咖啡黄葵、羊角菜、羊角豆（广东）、越南芝麻（湖南）、洋辣椒（福建）等。黄秋葵花大而美丽，是菜、药、花兼用型植物，其用途颇为广泛，是世界上一种重要的蔬菜。

关于黄秋葵的原产地，多数研究者认为原产于非洲，其遗传多样性最为丰富，并于20世纪20—30年代从印度引入中国。少数人认为黄秋葵在我国自古有之。中国食用黄秋葵的历史可追溯到周代，《汉书》《左传》《春秋》《诗经》《说文解字》等古籍均有葵（黄秋葵）的记载。现代权威典籍对黄秋葵的起源也有所涉及，如《辞海》中："黄蜀葵一名秋葵，原产我国。"

黄秋葵在世界各地均有栽培，但以热带和亚热带最为普遍。目前非洲、加勒比海岛国、欧洲及东南亚各国都将黄秋葵作为重要蔬菜而大面积栽培。亚洲的印度、菲律宾和斯里兰卡、美国、非洲的科特迪瓦和尼日利亚，南美的巴西是黄秋葵的主要种植地区。其中印度的种质资源较为丰富，在秋葵属的15个种中，印度就有8个种分布于各个邦。日本等国已率先进行保护地生产，并培育出一批新优品种。目前，中国南北各地均有黄秋葵的分布与栽培，种植较多的有北京市、广东省、上海市、山东省、江苏省、浙江省、海南省、云南省、湖北省、湖南省、安徽省、福建省、江西省和台湾省等地区，其中台湾省种植最多。

黄秋葵种质资源是黄秋葵新品种选育、遗传选育、生物技术研究和农业生产的重要物质基础。很多国家都十分重视黄秋葵种质资源的收集、保存和研究工作。据联合国粮食及农业组织（Food and Agriculture Organization of the United Nations，简称粮农组织或FAO）统计，黄秋葵主产国共拥有2万份以上的种质材料。其中，印度国家植物种质资源保存有3 434份种质。非洲科特迪瓦的萨瓦纳研究所（IDESSA）收集保存4 185份。目前，美国在格列芬（Griffin）保存有2 969份种质。其他主产国如法国拥有965份、亚洲的菲律宾968份、土耳其有563份和加纳595份。其他国家合计拥有9 532份。

我国从80年代开始从国外引进黄秋葵种质，经试种和扩繁后在国家种质资源库中进行中长期保存。福建省农业科学院亚热带农业研究所已从世界各地收集黄秋葵种质资源318份，经过多年的研究，对其农艺性状进行了初步鉴定，还对部分种质抗病性和品质进行了鉴定和评价，筛选出了一批丰产、优质和抗病的优良种质。

我国黄秋葵及其近缘种资源虽然很丰富，分布广，但由于各种原因对资源的收集、保存和利用没有形成规模，种质资源的创新利用研究尚处于起步阶段。

规范标准是国家农作物种质资源平台建设和运行的基础，黄秋葵种质资源描述规范和数据标准的制定是国家农作物种质资源平台建设的内容之一。规范黄秋葵种质资源的收集、整理和保存等基础性工作，创造良好的资源和信息共享环境和条件，有利于保护和利用黄秋葵种质资源，充分挖掘其潜在的经济、社会和生态效益，促进我国黄秋葵种质资源研究的有序和高效发展。

黄秋葵种质资源描述规范规定了黄秋葵种质资源的描述符及其分级标准，以便于对黄秋葵种质资源进行标准化整理和数字化表达。黄秋葵种质资源数据标准规定了黄秋葵种质资源各描述符的字段名称、类型、长度、小数位、代码等，以便建立统一、规范的黄秋葵种质资源数据库。黄秋葵种质资源数据质量控制规范规定了黄秋葵种质资源数据采集全过程中的质量控制内容和质量控制方法，以保证数据的系统性、可比性和可靠性。

《黄秋葵种质资源描述规范和数据标准》由福建省农业科学院亚热带农业研究所主持编写，并得到了全国黄秋葵科研、教学和生产单位的大力支持。在编写过程中，参考了国内外相关文献，由于篇幅所限，书中仅列主要参考文献，在此一并致谢。由于编著者水平有限，错误和疏漏之处在所难免，恳请批评指正。

编著者

二〇一六年十月

目　录

前言
1　黄秋葵种质资源描述规范和数据标准制定的原则和方法 ……………………（1）
2　黄秋葵种质资源描述简表 ……………………………………………………（3）
3　黄秋葵种质资源描述规范 ……………………………………………………（9）
4　黄秋葵种质资源数据标准……………………………………………………（35）
5　黄秋葵种质资源数据质量控制规范…………………………………………（52）
6　黄秋葵种质资源数据采集表…………………………………………………（85）
7　黄秋葵种质资源利用情况报告格式…………………………………………（89）
8　黄秋葵种质资源利用情况登记表……………………………………………（90）

主要参考文献 ……………………………………………………………………（91）
《农作物种质资源技术规范丛书》分册目录 ……………………………………（94）

1　黄秋葵种质资源描述规范和数据标准制定的原则和方法

1.1　黄秋葵种质资源描述规范制定的原则和方法

1.1.1　原则

1.1.1.1　优先采用现有数据库中的描述符和描述标准。

1.1.1.2　以种质资源研究和育种需求为主，兼顾生产与市场需要。

1.1.1.3　立足中国现有基础，考虑将来发展，尽量与国际接轨。

1.1.2　方法和要求

1.1.2.1　描述符类别分为6类。

1　基本信息
2　形态特征和生物学特性
3　品质特征
4　抗逆性
5　抗病虫性
6　其他特征特性

1.1.2.2　描述符代号由描述符类别加两位顺序号组成。如“122”、“415”等。

1.1.2.3　描述符性质分为3类。

M　必选描述符（所有种质必须鉴定评价的描述符）
O　可选描述符（可选择鉴定评价的描述符）
C　条件描述符（只对特定种质进行鉴定评价的描述符）

1.1.2.4　描述符的代码应是有序的。如数量性状从细到粗、从低到高、从小到大、从少到多排列，颜色从浅到深，抗性从强到弱、生育期从早熟到迟熟或极迟熟等。

1.1.2.5　每个描述符应有一个基本的定义和说明。数量性状应标明单位，质量性状应有评价标准和等级划分。

1.1.2.6　植物学形态描述符应附模式图。

1.1.2.7　重要数量性状应以数值表示。

1.2 黄秋葵种质资源数据标准制定的原则和方法

1.2.1 原则

1.2.1.1 数据标准中的描述符应与描述规范相一致。

1.2.1.2 数据标准应优先考虑现有数据库中的数据标准。

1.2.2 方法和要求

1.2.2.1 数据标准中的代号应与描述规范中的代号一致。

1.2.2.2 字段名最长12位。

1.2.2.3 字段类型分字符型（C）、数值型（N）和日期型（D）。日期型的格式为YYYYMMDD。

1.2.2.4 经度和纬度的类型为N，格式为十进制的度数，数值一般从GPS上读取。东经和北纬以正数表示，西经和南纬以负数表示。如经度“116.32192”表示东经116.32192度，纬度“39.95531”表示北纬39.95531度。

1.3 黄秋葵种质资源数据质量控制规范制定的原则和方法

1.3.1 采集的数据应具有系统性、可比性和可靠性。

1.3.2 数据质量控制以过程控制为主，兼顾结果控制。

1.3.3 数据质量控制方法应具有可操作性。

1.3.4 鉴定评价方法以现行国家标准和行业标准为首要依据；如无国家标准和行业标准，则以国际标准或国内比较公认的先进方法为依据。

1.3.5 每个描述符的质量控制应包括田间设计，样本数或群体大小，时间或时期，取样数和取样方法，计量单位、精度和允许误差，采用的鉴定评价规范和标准，采用的仪器设备，性状的观测和等级划分方法，数据校验和数据分析。

2 黄秋葵种质资源描述简表

序号	代号	描述符	描述符性质	单位或代码
1	101	全国统一编号	M	
2	102	种质库编号	M	
3	103	引种号	C/国外种质	
4	104	采集号	C/野生种质和地方品种	
5	105	种质名称	M	
6	106	种质外文名	M	
7	107	科名	M	
8	108	属名	M	
9	109	学名	M	
10	110	原产国	M	
11	111	原产省	M	
12	112	原产地	M	
13	113	海拔	C/野生种质和地方品种	m
14	114	经度	C/野生种质和地方品种	
15	115	纬度	C/野生种质和地方品种	
16	116	来源地	M	
17	117	保存单位	M	
18	118	保存单位编号	M	
19	119	系谱	C/选育品种或品系	
20	120	选育单位	C/选育品种或品系	
21	121	育成年份	C/选育品种或品系	
22	122	选育方法	C/选育品种或品系	
23	123	种质类型	M	1:野生资源 2:地方品种 3:选育品种 4:品系 5:遗传材料 6:其他
24	124	图像	O	

（续表）

序号	代号	描述符	描述符性质	单位或代码
25	125	观测地点	M	
26	201	播种期	M	
27	202	出苗期	M	
28	203	现蕾期	M	
29	204	开花期	M	
30	205	结果期	M	
31	206	始收期	M	
32	207	末收期	M	
33	208	种子成熟期	M	
34	209	熟期类型	O	1:极早熟　2:早熟　3:中熟 4:晚熟　5:极晚熟
35	210	子叶形状	M	1:卵圆形　2:椭圆形　3:长椭圆形
36	211	子叶色	O	1:浅绿　2:黄绿　3:绿　4:深绿 5:红
37	212	子叶姿态	O	1:平展　2:上冲
38	213	下胚轴色	O	1:绿　2:红
39	214	株型	M	1:直立　2:半直立　3:匍匐
40	215	株高	M	cm
41	216	茎粗	M	cm
42	217	分枝习性	M	0:无　1:弱　2:中　3:强
43	218	第一分枝节位	M	节
44	219	分枝数	M	个
45	220	主茎节数	M	节
46	221	节间长度	M	cm
47	222	叶姿	O	1:直立　2:水平　3:下垂
48	223	叶裂深浅	M	1:全叶　2:浅裂　3:深裂　4:全裂
49	224	叶色	M	1:浅绿　2:黄绿　3:绿　4:深绿　5:红
50	225	叶毛	O	0:无　1:稀少　2:中等　3:浓密
51	226	叶刺	O	0:无　1:有
52	227	叶片长度	M	cm
53	228	叶片宽度	M	cm

（续表）

序号	代号	描述符	描述符性质	单位或代码
54	229	叶缘锯齿大小	M	1:小 2:中 3:大
55	230	叶柄色	M	1:浅绿 2:绿 3:深绿 4:淡红 5:红 6:紫
56	231	叶柄表面	O	1:光滑 2:少毛 3:多毛
57	232	叶柄长度	O	cm
58	233	叶柄粗度	O	cm
59	234	腋芽	M	0:无 1:有
60	235	托叶大小	O	0:无 1:小 2:大
61	236	托叶形状	O	1:线形 2:叶形
62	237	托叶颜色	O	1:绿 2:红
63	238	叶面叶脉色	O	1:白 2:绿 3:红 4:基部红,端部绿
64	239	叶背叶脉色	O	1:白 2:绿 3:鲜红 4:紫红 5:暗红
65	240	茎型	M	1:直 2:弯
66	241	茎表面	O	1:无毛 2:少毛 3:多毛 4:有刺
67	242	苗期茎色	M	1:绿 2:微红 3:淡红 4:红 5:紫
68	243	中期茎色	M	1:绿 2:微红 3:淡红 4:红 5:紫
69	244	后期茎色	M	1:绿 2:深绿 3:红 4:紫红
70	245	萼片色	M	1:绿 2:淡红 3:红 4:紫
71	246	萼片表面	O	1:光滑 2:有毛 3:有刺
72	247	萼片形状	M	1:线形 2:披针形 3:三角形
73	248	萼片存留	M	1:不存留 2:部分存留 3:存留
74	249	花萼数	M	片
75	250	苞片数	M	片
76	251	苞片端部	M	1:锐尖 2:钝尖 3:分叉
77	252	苞片颜色	O	1:黄绿 2:绿 3:红 4:紫红
78	253	苞片表面	O	1:光滑 2:有毛 3:有刺
79	254	花冠着生方式	M	1:直立 2:斜生 3:下垂
80	255	花冠大小	M	1:小 2:中 3:大
81	256	花瓣数	M	瓣
82	257	花冠形状	M	1:钟状 2:螺旋状
83	258	花瓣离合	M	1:叠生 2:分离

（续表）

序号	代号	描述符	描述符性质	单位或代码
84	259	花冠色	M	1:乳白　2:淡黄　3:黄　4:金黄 5:淡红　6:红
85	260	瓣脉色	O	1:白　2:黄　3:红
86	261	花喉色	M	1:淡黄　2:乳黄　3:黄　4:淡红 5:红　6:紫红　7:紫　8:紫黑
87	262	花喉色显现部位	M	1:里面　2:两面
88	263	柱头色	M	1:红　2:紫
89	264	花柱类型	M	1:短　2:中　3:长
90	265	花柱底色	M	1:淡黄　2:淡红　3:红　4:紫红 5:紫
91	266	花梗类型	M	1:短　2:中　3:长
92	267	始果节	O	节
93	268	蒴果大小	M	1:小　2:中　3:大
94	269	蒴果长度	M	cm
95	270	蒴果宽度	M	cm
96	271	果实弯曲度	O	1:直　2:微弯　3:弯　4:末端弯 5:S 形弯
97	272	蒴果类型	M	1:圆果　2:有棱圆果　3:棱果
98	273	果实色	M	1:浅绿　2:黄绿　3:青绿　4:绿　5:深绿 6:粉红　7:红　8:粉紫　9:紫红
99	274	果实表面	M	1:光滑　2:少毛　3:多毛 4:突起　5:轻微粗毛　6:多刺
100	275	果实光泽	O	0:无　1:略有　2:光亮
101	276	果顶形状	O	1:尖　2:长尖　3:长渐尖 4:钝尖　5:瓶颈状　6:圆
102	277	果实基部收缩强度		1:无　2:弱　3:强
103	278	果实棱数	O	棱
104	279	果棱间表面	M	1:凹　2:平　3:凸
105	280	子房室数	M	室
106	281	果柄表面	O	0:无　1:稀疏粗毛　2:多刺

(续表)

序号	代号	描述符	描述符性质	单位或代码
107	282	果柄色	O	1:浅绿 2:黄绿 3:青绿 4:绿 5:深绿 6:粉红 7:红 8:粉紫 9:紫
108	283	果柄长	M	cm
109	284	果柄粗	M	cm
110	285	果实封闭性	M	1:闭合 2:稍开裂 3:开裂
111	286	单株间形态		1:一致 2:连续变异 3:非连续变异
112	287	果姿	M	1:直立 2:微斜 3:斜生 4:水平
113	288	单株果数	O	个
114	289	单果重	O	g
115	290	单株产量	O	kg
116	291	单果种子数	O	粒
117	292	种皮颜色	M	1:棕 2:棕黄 3:棕褐 4:灰褐 5:黄褐 6:青褐 7:赤褐 8:褐 9:黑褐
118	293	种皮表面	M	1:平滑 2:凹坑 3:皱褶
119	294	种子形状	M	1:圆形 2:扁圆形 3:肾形 4:亚肾形
120	295	种子千粒重	M	g
121	301	畸形果率	O	%
122	302	果实整齐度	O	1:整齐 2:中等 3:不整齐
123	303	果肉厚度	O	mm
124	304	耐贮藏性	O	3:强 5:中 7:弱
125	305	维生素 C 含量	O	10^{-2}mg/g
126	306	多糖含量	O	%
127	307	膳食纤维含量	O	%
128	308	木质素含量	O	%
129	309	果胶含量	O	%
130	401	耐旱性	M	3:强 5:中 7:弱
131	402	耐涝性	M	3:强 5:中 7:弱
132	403	耐寒性	O	3:强 5:中 7:弱

（续表）

序号	代号	描述符	描述符性质	单位或代码
133	404	耐盐碱性	O	3:强　5:中　7:弱
134	405	抗倒性	O	1:极强　3:强　5:中　7:弱　9:极弱
135	501	根结线虫病抗性	M	1:高抗　3:中抗　5:中感　7:高感
136	502	白粉病抗性	M	1:高抗　3:抗病　5:中抗　7:感病　9:高感
137	601	日长反应特性	O	1:敏感　2:中等　3:钝感
138	602	核型	O	
139	603	用途	O	1:蔬菜　2:加工　3:观赏　4:种子　5:饲料　6:油用　7:其他
140	604	指纹图谱与分子标记	O	
141	605	备注	O	

3 黄秋葵种质资源描述规范

3.1 范围

本规范规定了黄秋葵种质资源的描述符及其分级标准。

本规范适用于黄秋葵种质资源的收集、整理和保存，数据标准和数据质量控制规范的制定，以及数据库和信息共享网络系统的建立。

3.2 规范性引用文件

下列文件中的条款通过本规范的引用而成为本规范的条款。凡是注日期的引用文件，其随后所有的修改单（不包括勘误的内容）或修订版均不适用于本规范，然而，鼓励根据本规范达成协议的各方研究是否可使用这些文件的最新版本。凡是不注日期的引用文件，其最新版本适用于本规范。

ISO 3166 Codes for the Representation of Names of Countries

GB/T 2659 世界各国和地区名称代码

GB/T 2260 中华人民共和国行政区划代码

GB/T 12404 单位隶属关系代码

GB 4407.2 经济作物种子

GB 7415 主要农作物种子贮藏

GB/T 3543 农作物种子检验规程

GB/T 6195 水果、蔬菜维生素 C 含量测定方法（2，6－二氯靛酚滴定法）

GB/T 8855 新鲜水果和蔬菜的取样方法

GB/T 10220 感官分析 方法学 总论

3.3 术语和定义

3.3.1 黄秋葵

为锦葵科（Malvaceae）秋葵属（*Abelmoschus*）一年生草本植物，以采收嫩荚供食用，嫩花和叶也可食用，又称秋葵夹、羊角豆、羊角椒、洋辣椒、糊麻、秋葵、补肾菜等。

3.3.2 黄秋葵种质资源

黄秋葵野生资源、地方品种、选育品种、品系、遗传材料等。

3.3.3 基本信息

黄秋葵种质资源基本情况描述信息，包括全国统一编号、种质名称、学名、原产地、种质类型等。

3.3.4 形态特征和生物学特性

黄秋葵种质资源的物候期、植物学形态、产量性状等特征特性。

3.3.5 品质特性

黄秋葵种质资源的商品品质、感官品质和营养品质性状。商品品质性状主要包括果实整齐度和木质化程度；感官品质包括肉质和风味；营养品质包括膳食纤维含量、维生素 C 含量、多糖含量、果胶含量等。

3.3.6 抗逆性

黄秋葵种质资源对各种非生物胁迫的适应或抵抗能力，包括耐旱性、耐涝性、耐寒性和抗倒性等。

3.3.7 抗病虫性

黄秋葵种质资源对各种生物胁迫的适应或抵抗能力，包括根结线虫病等。

3.4 基本信息

3.4.1 全国统一编号

种质的唯一标识号。黄秋葵的全国统一编号是由 V12B 加 4 位顺序号组成。

3.4.2 种质库编号

黄秋葵在国家农作物种质资源长期库的编号，由Ⅱ12B 加 4 位顺序号组成。

3.4.3 引种号

黄秋葵种质从国外引进时，被赋予的编号。

3.4.4 采集号

黄秋葵种质在野外采集时，被赋予的编号。

3.4.5 种质名称

黄秋葵种质的中文名称。

3.4.6 种质外文名

国外引进黄秋葵种质的外文名或国内种质的汉语拼音名。

3.4.7 科名

锦葵科（Malvaceae）。

3.4.8 属名

秋葵属（*Abelmoschus*）。

3.4.9 学名

黄秋葵学名为 *Abelmoschus esculentus* L. Moench，红秋葵学名为 *Hibiscus coccineus*（Medicus）Walt。

3.4.10 原产国

黄秋葵种质原产国家的名称、地区名称或国际组织的名称。

3.4.11 原产省

国内黄秋葵种质原产省份名称；国外引进种质原产国家一级行政区的名称。

3.4.12 原产地

国内黄秋葵种质的原产县、乡、村的名称。

3.4.13 海拔

黄秋葵种质原产地的海拔高度。单位为 m。

3.4.14 经度

黄秋葵种质原产地的经度，单位为度。格式为十进制度数，一般从 GPS 读取。

3.4.15 纬度

黄秋葵种质原产地的纬度，单位为度。格式为十进制度数，一般从 GPS 读取。

3.4.16 来源地

国外引进黄秋葵种质的来源国家名称、地区名称或国际组织名称；国内种质的来源省、县名称。

3.4.17 保存单位

黄秋葵提交国家农作物种质资源长期库前的原保存单位名称。

3.4.18 保存单位编号

黄秋葵种质原保存单位赋予的种质编号。

3.4.19 系谱

黄秋葵选育品种（系）的亲缘关系。

3.4.20 选育单位

选育黄秋葵品种（系）的单位名称或个人。

3.4.21 育成年份

黄秋葵品种（系）培育成功的年份。

3.4.22 选育方法

黄秋葵品种（系）的育种方法。

3.4.23 种质类型

黄秋葵种质类型分为6类。

1 野生资源
2 地方品种
3 选育品种
4 品系
5 遗传材料
6 其他

3.4.24 图像

黄秋葵种质的图像文件名。图像格式为 .jpg。

3.4.25 观测地点

黄秋葵种质形态特征和生物学特性观测地点的名称。

3.5 形态特征和生物学特性

3.5.1 播种期

进行黄秋葵种质形态特征和生物学特性鉴定的种子播种日期。以“年月日”表示，格式“YYYYMMDD”。

3.5.2 出苗期

试验小区内50%幼苗子叶展平的日期。以“年月日”表示，格式“YYYYMMDD”。

3.5.3 现蕾期

试验小区内50%植株现蕾（蕾大小为肉眼可见）的日期。以“年月日”表示，格式“YYYYMMDD”。

3.5.4 开花期

试验小区内50%植株开花（花冠完全张开）的日期。以“年月日”表示，格式“YYYYMMDD”。

3.5.5 结果期

试验小区内50%植株结果（果径0.5cm以上）的日期。以“年月日”表示，格式“YYYYMMDD”。

3.5.6 始收期

试验小区内30%的植株第一次采收的日期。以“年月日”表示，格式“YYYYMMDD”。

3.5.7 末收期

试验小区内最后一次收获商品果的日期。以“年月日”表示，格式

"YYYYMMDD"。

3.5.8 种子成熟期

试验小区内2/3以上的植株，单株2/3以上的蒴果变成褐色的日期。用"年月日"表示，格式"YYYYMMDD"。

3.5.9 熟期类型

以黄秋葵种质在原产地或接近地区的生育天数确定。

1　　极早熟
2　　早熟
3　　中熟
4　　晚熟
5　　极晚熟

3.5.10 子叶形状

第一片真叶展开时，黄秋葵子叶的形状（图1，参考粟建光等，2007）。

1　　卵圆形
2　　椭圆形
3　　长椭圆形

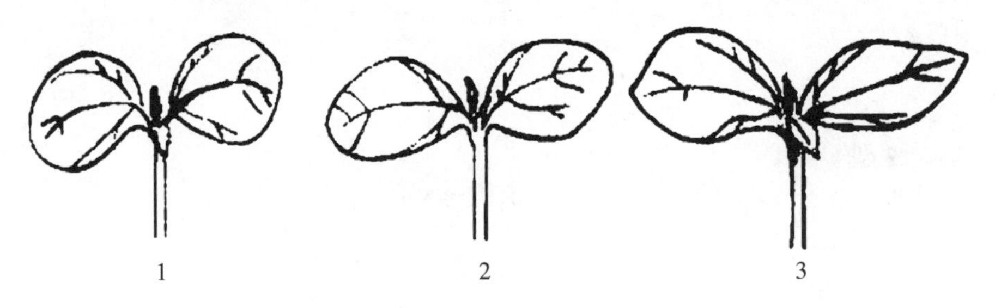

图1　子叶形状

3.5.11 子叶色

第一片真叶展开时，黄秋葵子叶的颜色。

1　　浅绿
2　　黄绿
3　　绿
4　　深绿
5　　红

3.5.12 子叶姿态

第一片真叶展开时，黄秋葵子叶的姿态（图2，参考粟建光等，2006）。

1　　平展
2　　上冲

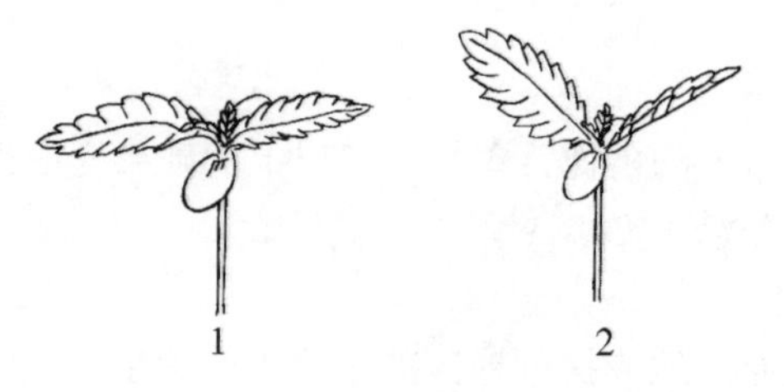

图 2　子叶姿态

3.5.13　下胚轴色

第一片真叶展开时，黄秋葵下胚轴颜色（图 3，参考粟建光等，2005）。

1　　绿

2　　红

图 3　下胚轴

3.5.14　株型

现蕾期，植株的形态（图 4，参考揭雨成等，2007）。

1　　直立

2　　半直立

3　　匍匐

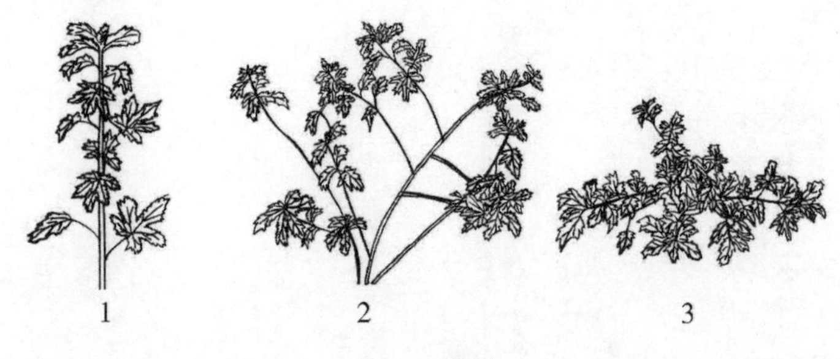

图 4　株型

3.5.15　株高

末收期，从植株主茎基部到主茎顶端的高度。单位为 cm。

3.5.16 茎粗

末收期，植株主茎基部的粗度。单位为 cm。

3.5.17 分枝习性

末收期，植株有效分枝数和次级分枝的发生情况（图 5）。

0 无

1 弱

2 中

3 强

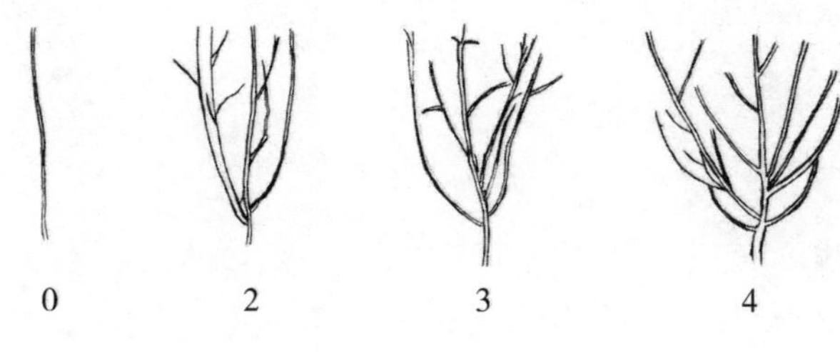

图 5 分枝习性

3.5.18 第一分枝节位

末收期，黄秋葵主茎上第一个分枝所在的节位。单位为节（图 6）。

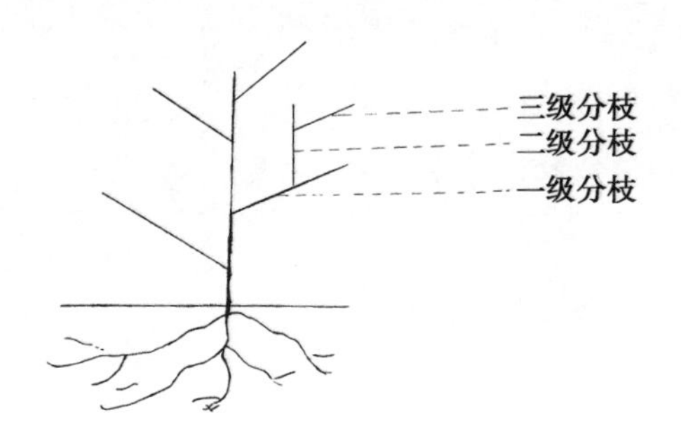

图 6 分级模式图

3.5.19 分枝数

末收期，从主茎上发出的分枝个数。单位为个。

3.5.20 主茎节数

末收期，植株从子叶节到主茎顶端的节数。单位为节。

3.5.21 节间长度

末收期，株高与主茎节数的比值。单位为 cm。

3.5.22 叶姿

黄秋葵叶角为叶片与主茎的夹角。现蕾期按叶角大小和叶着生姿态确定叶姿（图 7）。

1　　直立

2　　水平

3　　下垂

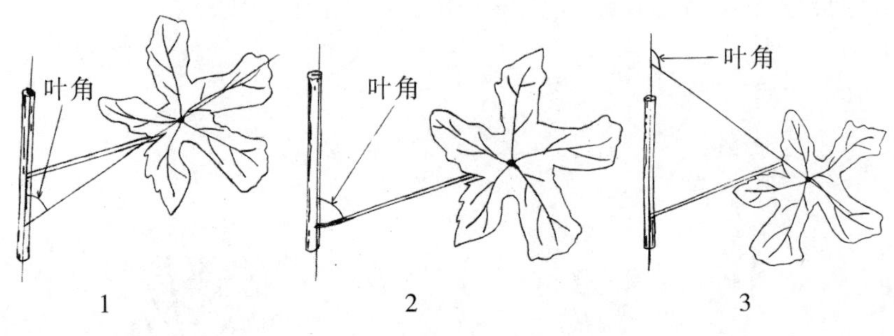

图7　叶姿

3.5.23　叶裂深浅

现蕾期，黄秋葵植株中部完整叶片缺裂的深浅（图8）。

1　　全叶

2　　浅裂

3　　深裂

4　　全裂

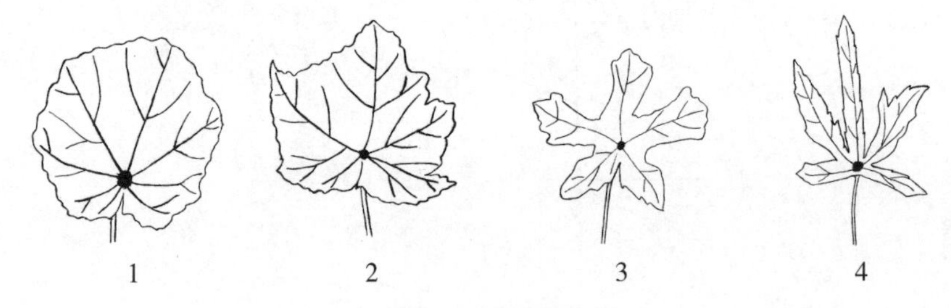

图8　叶裂深浅

3.5.24　叶色

现蕾期，黄秋葵植株中部正常叶片的正面颜色。

1　　浅绿

2　　黄绿

3　　绿

4　　深绿

5　　红

3.5.25　叶毛

现蕾期，黄秋葵叶片表面绒毛的有无和密度。

0　　无

1　　稀少

2　　中等

3　　浓密

3.5.26　叶刺

现蕾期，黄秋葵植株叶片表面叶刺状况。

0　　无

1　　有

3.5.27　叶片长度

开花期，黄秋葵植株中部完全展开叶的叶片长度（图9）。单位为 cm。

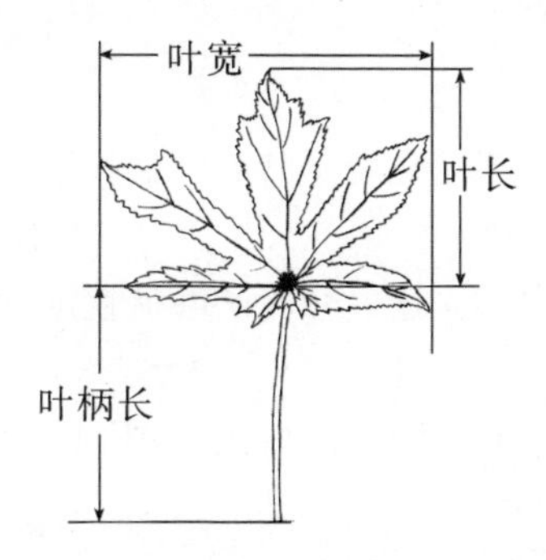

图9　叶片长度、宽度和叶柄长度

3.5.28　叶片宽度

开花期，黄秋葵植株中部完全展开叶的叶片宽度（图9）。单位为 cm。

3.5.29　叶缘锯齿大小

开花期，黄秋葵植株中部最大完全展开叶的叶缘锯齿大小（图10）。

1　　小

2　　中

3　　大

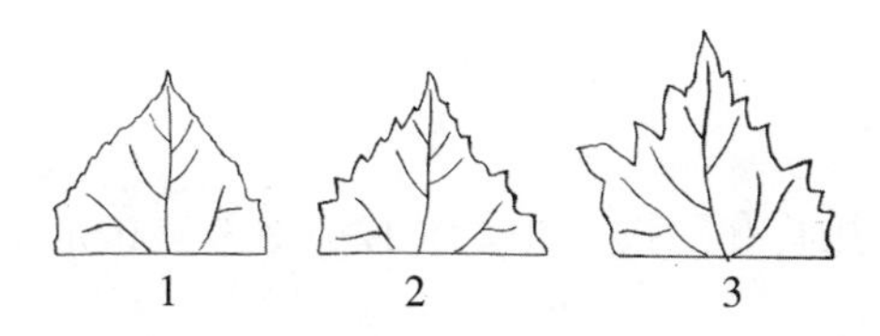

图10　叶缘锯齿大小

3.5.30 叶柄色

开花期，黄秋葵植株中部叶柄表面的颜色。

1　浅绿

2　绿

3　深绿

4　淡红

5　红

6　紫

3.5.31 叶柄表面

开花期，黄秋葵植株叶柄表面毛刺状况。

1　光滑

2　少毛

3　多毛

3.5.32 叶柄长度

开花期，黄秋葵植株中部完全展开叶的叶柄长度（图9）。单位为 cm。

3.5.33 叶柄粗度

开花期，黄秋葵植株中部完全展开叶的叶柄粗度（图9）。单位为 cm。

3.5.34 腋芽

开花期，黄秋葵植株茎节上腋芽的有无（图11，参考粟建光等，2007）。

0　无

1　有

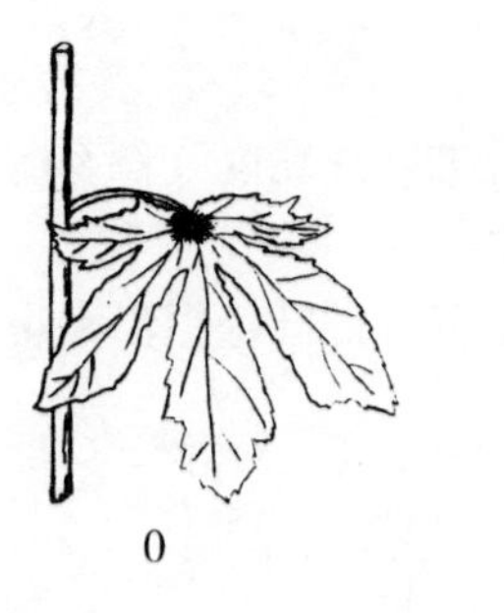

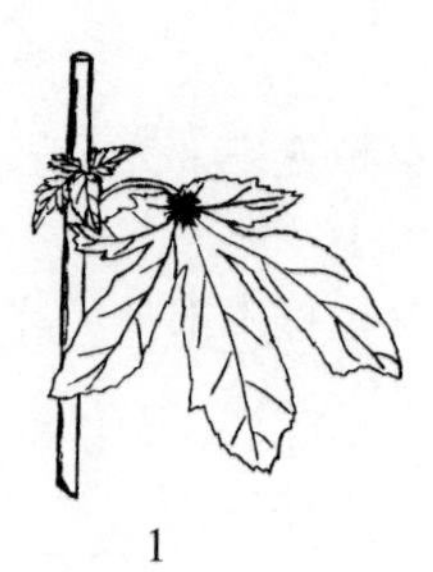

0　　1

图11　腋芽

3.5.35 托叶大小

开花期，植株的托叶有无和大小（图12，参考粟建光等，2007）。

0　无

1　小

2　大

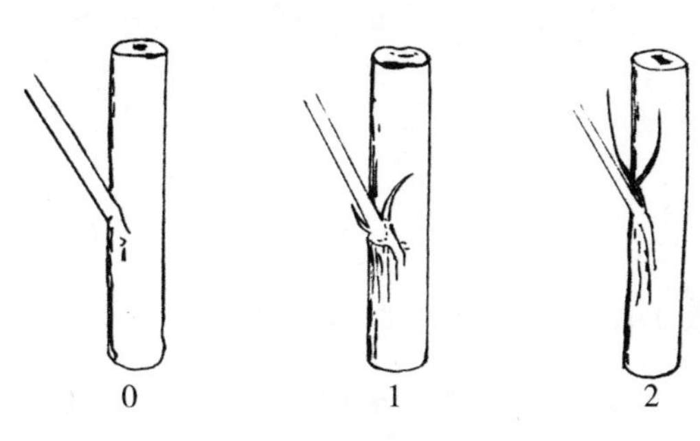

图 12　托叶

3.5.36　托叶形状

开花期，黄秋葵植株托叶的形状（图 13，参考粟建光等，2005）。

1　　线形

2　　叶形

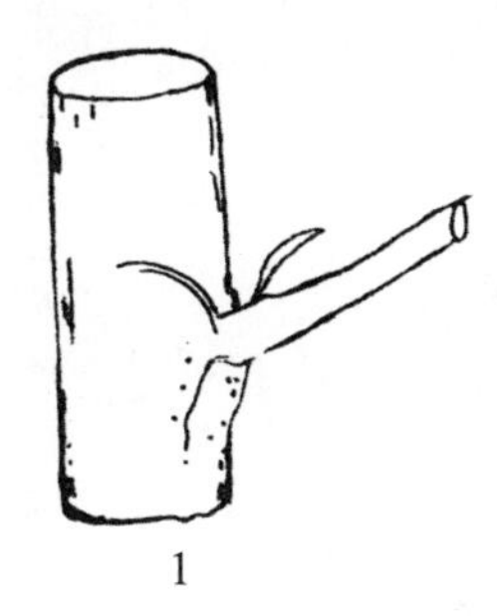

图 13　托叶形状

3.5.37　托叶颜色

开花期，黄秋葵植株托叶的颜色。

1　　绿

2　　红

3.5.38　叶面叶脉色

开花期，黄秋葵植株中部叶片上表面叶脉的颜色。

1　　白

2　　绿

3　　红

4　　基部红，端部绿

3.5.39　叶背叶脉色

开花期，黄秋葵植株中部叶背叶脉颜色。

1　　白

2　　绿

3　　鲜红

4　　紫红

5　　暗红

3.5.40　茎型

开花期，黄秋葵植株茎秆弯曲状况（图14）。

1　　直

2　　弯

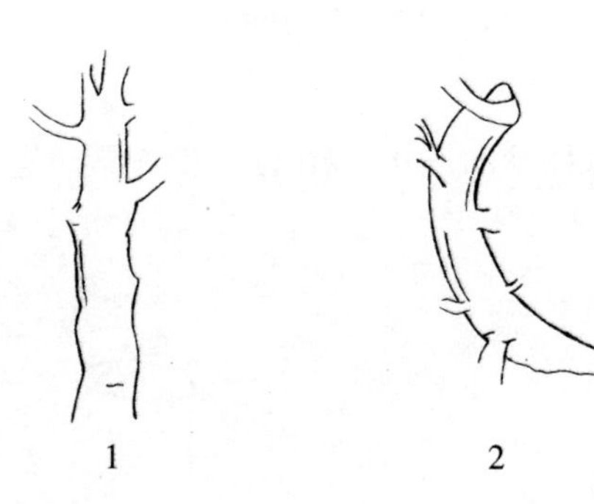

图14　茎型

3.5.41　茎表面

开花期，黄秋葵植株茎秆表面的毛刺状况。

1　　无毛

2　　少毛

3　　多毛

4　　有刺

3.5.42　苗期茎色

出苗15d后，黄秋葵植株茎表面的颜色。

1　　绿

2　　微红

3　　淡红

4　　红

5　　紫

3.5.43　中期茎色

出苗后60d后，黄秋葵植株茎表面的颜色。

1　　绿

2　　微红

3 淡红
4 红
5 紫

3.5.44 后期茎色

开花后期，黄秋葵植株茎表面的颜色。

1 绿
2 深绿
3 红
4 紫红

3.5.45 萼片色

盛花期，黄秋葵完全开放花的萼片颜色。

1 绿
2 淡红
3 红
4 紫

3.5.46 萼片表面

盛花期，黄秋葵完全开放花的萼片表面状况。

1 光滑
2 有毛
3 有刺

3.5.47 萼片形状

盛花期，黄秋葵完全开放花的萼片形状（图 15）。

1 线形
2 披针形
3 三角形

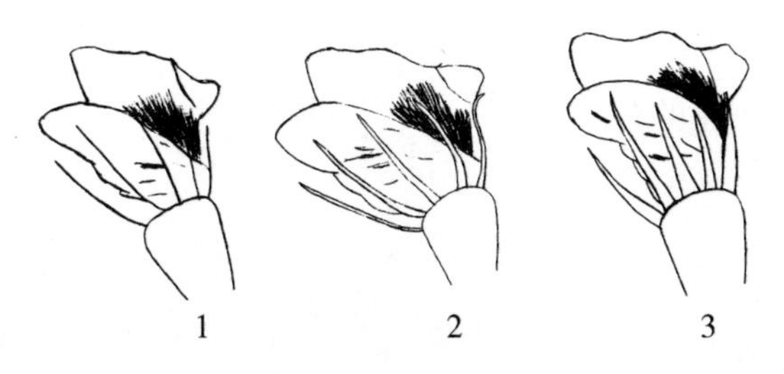

图 15 萼片的形状

3.5.48 萼片存留

谢花后，黄秋葵完全开放花的萼片存留情况。

1　不存留

2　部分存留

3　存留

3.5.49　花萼数

黄秋葵完全开放花的花萼数量。单位为片。

3.5.50　苞片数

黄秋葵完全开放花的苞片数量。单位为片。

3.5.51　苞片端部

黄秋葵完全开放花的苞片端部形状（图16，参考粟建光等，2005）。

1　锐尖

2　钝尖

3　分叉

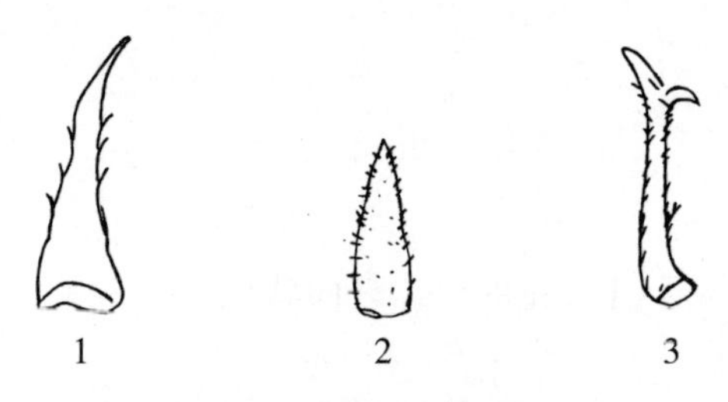

图16　苞片端部形状

3.5.52　苞片颜色

黄秋葵完全开放花的苞片颜色。

1　黄绿

2　绿

3　红

4　紫红

3.5.53　苞片表面

黄秋葵完全开放花的苞片表面。

1　光滑

2　有毛

3　有刺

3.5.54　花冠着生方式

黄秋葵完全开放花的花冠着生方式。

1　直立

2　斜生

3 下垂

3.5.55 花冠大小

黄秋葵完全开放花的花冠大小。

1 小

2 中

3 大

3.5.56 花瓣数

黄秋葵完全开放花的花瓣数量。单位为瓣。

3.5.57 花冠形状

黄秋葵完全开放花的花冠外部形状（图17，参考粟建光等，2005）。

1 钟状

2 螺旋状

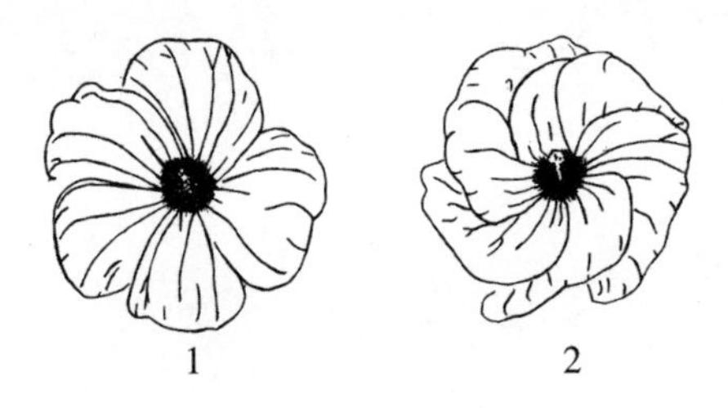

图17 花冠形状

3.5.58 花瓣离合

黄秋葵完全开放花的花瓣裂片的离合状态（图18，参考粟建光等，2005）。

1 叠生

2 分离

图18 花瓣离合

3.5.59 花冠色

黄秋葵完全开放花的花冠颜色。

1 乳白

2 淡黄

3 黄

4　金黄
5　淡红
6　红

3.5.60　瓣脉色

黄秋葵完全开放花的瓣脉颜色。

1　白
2　黄
3　红

3.5.61　花喉色

黄秋葵完全开放花的花喉颜色（图 19，参考粟建光等，2005）。

1　淡黄
2　乳黄
3　黄
4　淡红
5　红
6　紫红
7　紫
8　紫黑

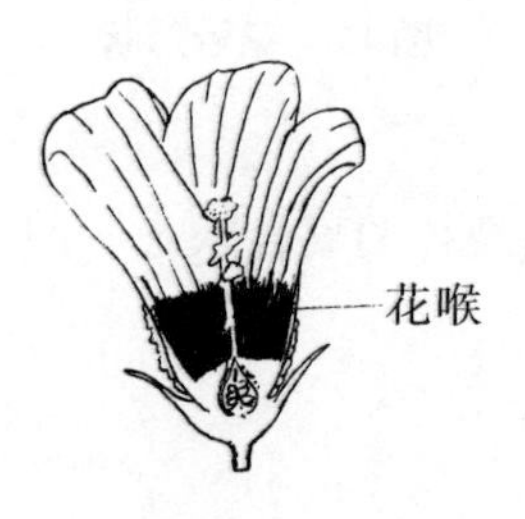

图 19　花喉

3.5.62　花喉色显现部位

黄秋葵完全开放花的花喉色的显现部位。

1　里面
2　两面

3.5.63　柱头色

黄秋葵完全开放花的花柱的颜色。

1　红
2　紫

3.5.64　花柱类型

黄秋葵完全开放花的花柱类型（图20，参考粟建光等，2005）。

1　　短

2　　中

3　　长

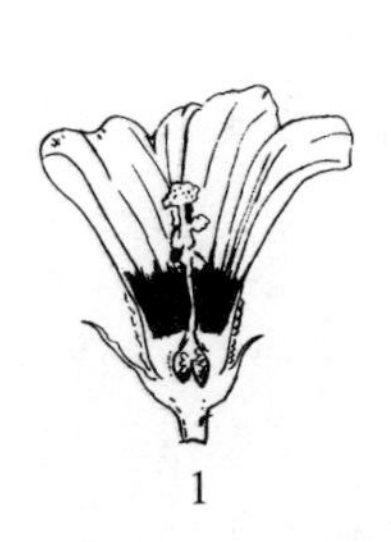
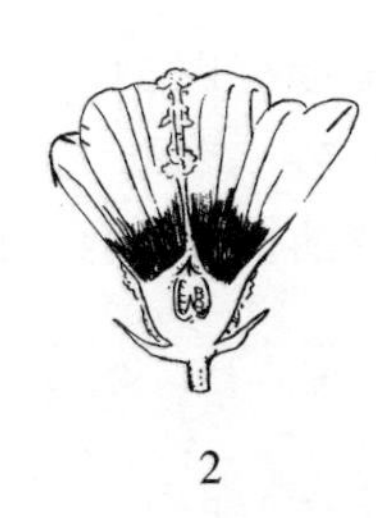
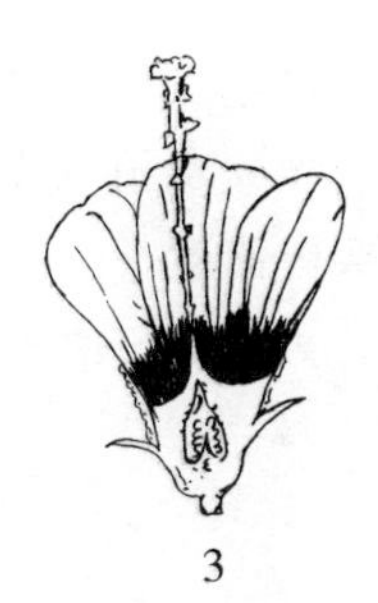

1　　2　　3

图20　花柱类型

3.5.65　花柱底色

黄秋葵完全开放花的花柱基底部的颜色。

1　　淡黄

2　　淡红

3　　红

4　　紫红

5　　紫

3.5.66　花梗类型

黄秋葵完全开放花的花梗长短的类型。

1　　短

2　　中

3　　长

3.5.67　始果节

始果期，黄秋葵植株出现第一个蒴果的节位。单位为节。

3.5.68　蒴果大小

结果期，黄秋葵植株蒴果的大小。

1　　小

2　　中

3　　大

3.5.69　蒴果长度

结果期，黄秋葵植株蒴果的长度（图21）。单位为cm。

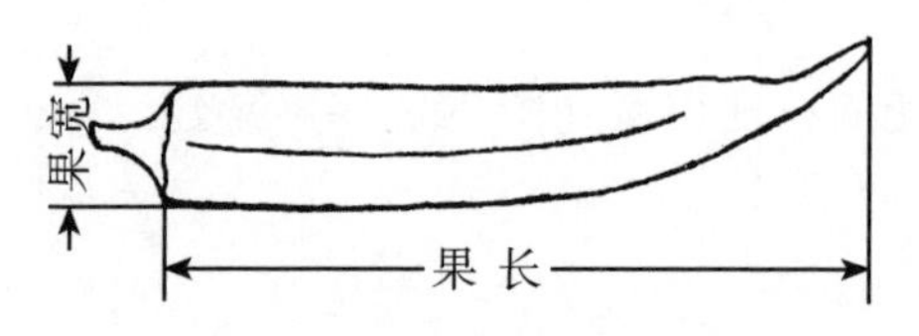

图 21 蒴果的长度、宽度

3.5.70 蒴果宽度

结果期，黄秋葵植株蒴果的宽度（图 21）。单位为 cm。

3.5.71 果实弯曲度

结果期，黄秋葵种质果实的弯曲情况（图 22）。

1　直
2　微弯
3　弯
4　末端弯
5　S 形弯

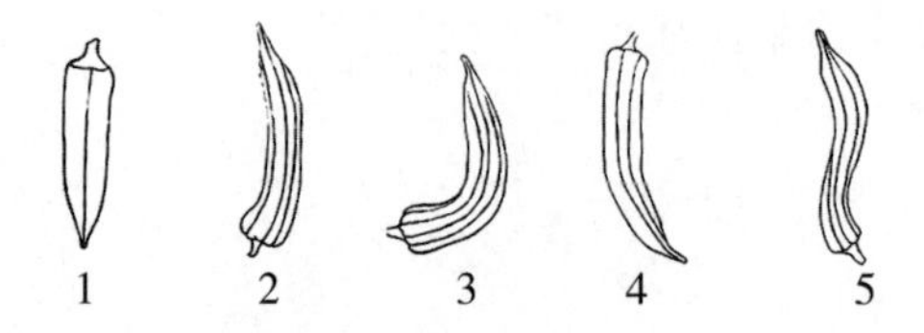

图 22 果实弯曲度

3.5.72 蒴果类型

结果期，黄秋葵蒴果的类型（图 23）。

1　圆果
2　有棱圆果
3　棱果

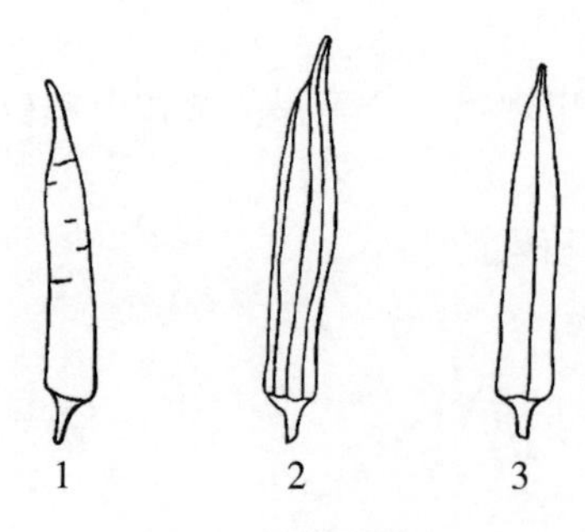

图 23 蒴果类型

3.5.73 果实色

结果期，黄秋葵蒴果表面的颜色。

1 浅绿
2 黄绿
3 青绿
4 绿
5 深绿
6 粉红
7 红
8 粉紫
9 紫红

3.5.74 果实表面

结果期，黄秋葵蒴果表面的毛刺和密度。

1 光滑
2 少毛
3 多毛
4 突起
5 轻微粗毛
6 多刺

3.5.75 果实光泽

结果期，黄秋葵蒴果表面有无光泽。

0 无
1 略有
2 光亮

3.5.76 果顶形状

结果期，黄秋葵蒴果果顶形状（图 24）。

1 尖
2 长尖
3 长渐尖
4 钝尖
5 瓶颈状
6 圆

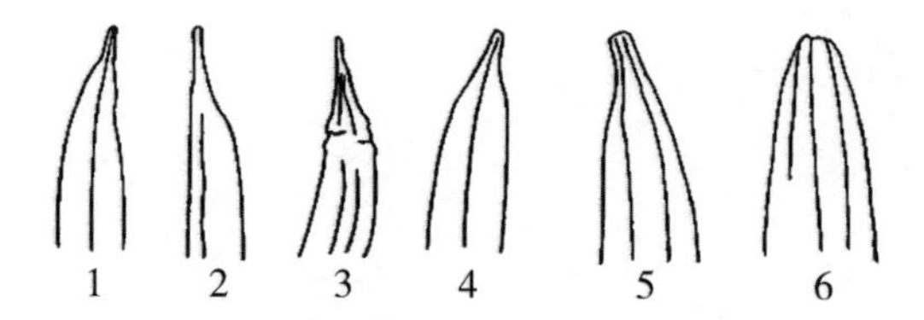

图 24　果顶形状

3.5.77　果实基部收缩强度

结果期，黄秋葵蒴果果实基部收缩强弱（图 25）。

1　　无

2　　弱

3　　强

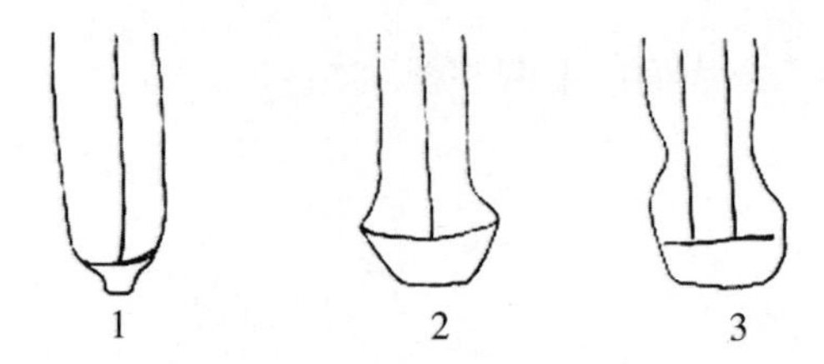

图 25　果实基部收缩强度

3.5.78　果实棱数

结果期，黄秋葵蒴果的果实棱数。单位为棱。

3.5.79　果棱间表面

结果期，黄秋葵蒴果果棱间的表面状态（图 26）。

1　　凹

2　　平

3　　凸

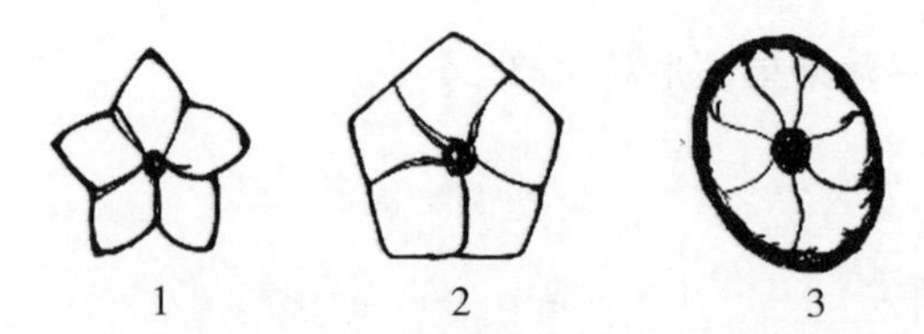

图 26　果棱间表面

3.5.80　子房室数

结果期，黄秋葵蒴果子房室的室数。单位为室。

3.5.81　果柄表面

结果期，黄秋葵蒴果果柄表面的毛刺情况和密度。

0 无
1 稀疏粗毛
2 多刺

3.5.82 果柄色

结果期，黄秋葵蒴果的果柄颜色。

1 浅绿
2 黄绿
3 青绿
4 绿
5 深绿
6 粉红
7 红
8 粉紫
9 紫

3.5.83 果柄长

结果期，黄秋葵商品蒴果的果柄长度。单位为 cm。

3.5.84 果柄粗

结果期，黄秋葵商品蒴果的果柄粗度。单位为 cm。

3.5.85 果实封闭性

果实成熟期，黄秋葵完全成熟（生理成熟）蒴果心皮间是否处于完全闭合或开裂状态（图 27）。

1 闭合
2 稍开裂
3 开裂

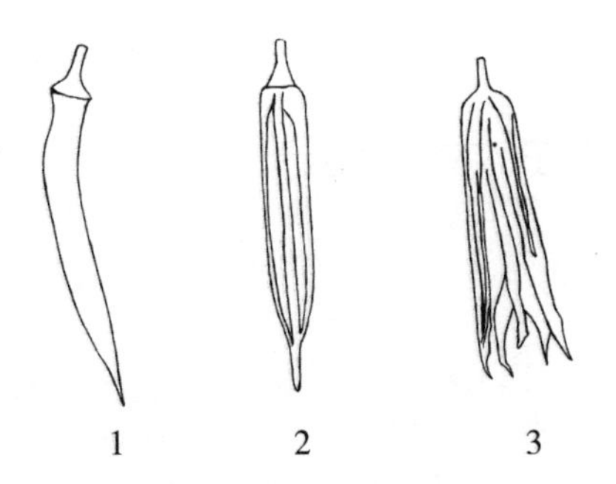

图 27 果实封闭性

3.5.86 单株间形态

黄秋葵种质群体内，单株间的形态一致性。

1　一致

2　连续变异

3　非连续变异

3.5.87 果姿

结果期，黄秋葵蒴果在主茎上的状态（图 28）。

1　直立

2　微斜

3　斜生

4　水平

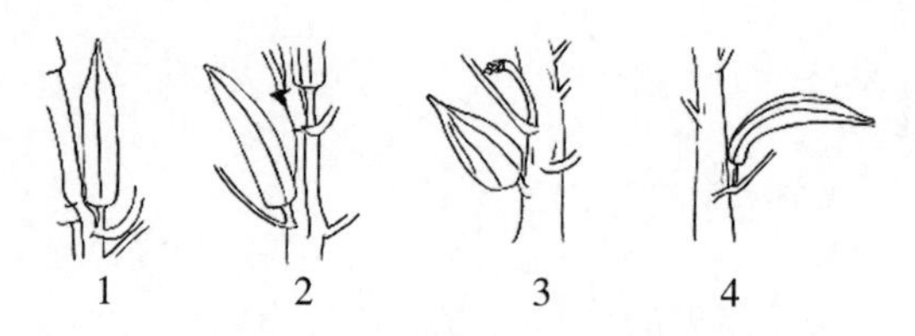

图 28　果实在主茎上的状态

3.5.88 单株果数

采收期，黄秋葵单株的蒴果数。单位为个。

3.5.89 单果重

采收期，黄秋葵单个商品果的重量。单位为 g。

3.5.90 单株产量

采收期，黄秋葵单株全部商品果的重量。单位为 kg。

3.5.91 单果种子数

果实生理成熟期，黄秋葵单个蒴果中发育正常的种子数。单位为粒。

3.5.92 种皮颜色

正常成熟的黄秋葵种子的表皮颜色。

1　棕

2　棕黄

3　棕褐

4　灰褐

5　黄褐

6　青褐

7　赤褐

8　　褐

9　　黑褐

3.5.93　种皮表面

黄秋葵成熟种子表面的状况。

1　　平滑

2　　凹坑

3　　皱褶

3.5.94　种子形状

黄秋葵成熟种子的形状（图29）。

1　　圆形

2　　扁圆形

3　　肾形

4　　亚肾形

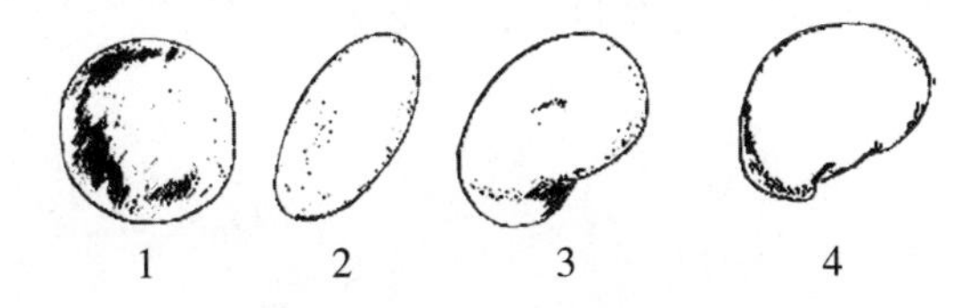

图29　种子形状

3.5.95　种子千粒重

黄秋葵1 000粒成熟种子（含水量在12%左右）的重量。单位为g。

3.6　品质特性

3.6.1　畸形果率

植株上畸形果数占总果数的百分数。单位为%。

3.6.2　果实整齐度

黄秋葵商品果的果实大小和形状的整齐度。

1　　整齐

2　　中等

3　　不整齐

3.6.3　果肉厚度

黄秋葵商品果果实纵切面最厚处果肉的厚度。单位为mm。

3.6.4　耐贮藏性

商品果在一定贮藏条件下和一定的期限内保持新鲜状态和原有品质不发生明

显劣质的特性，即耐贮藏的能力，可分为：

3　强

5　中

7　弱

3.6.5　维生素 C 含量

黄秋葵商品果果肉中维生素 C 的含量。单位为 10^{-2}mg/g。

3.6.6　多糖含量

黄秋葵商品果果肉中多糖含量。以%表示。

3.6.7　膳食纤维含量

黄秋葵商品果中膳食纤维的含量。以%表示。

3.6.8　木质素含量

黄秋葵商品果中木质素的百分含量。以%表示。

3.6.9　果胶含量

黄秋葵商品果中果胶的百分含量。以%表示。

3.7　抗逆性

3.7.1　耐旱性

黄秋葵植株忍耐或抵抗干旱的能力。

3　强

5　中

7　弱

3.7.2　耐涝性

黄秋葵植株忍耐或抵抗高湿度环境和水涝的能力。

3　强

5　中

7　弱

3.7.3　耐寒性

黄秋葵植株苗期忍耐或抵抗低温或寒冷的能力。

3　强

5　中

7　弱

3.7.4　耐盐碱性

黄秋葵植株忍耐或抵抗盐碱的能力。

3　强

5 中
7 弱

3.7.5 抗倒性

黄秋葵植株忍耐或抵抗倒伏的能力。

1 极强
3 强
5 中
7 弱
9 极弱

3.8 抗病虫性

3.8.1 根结线虫病抗性

黄秋葵植株对南方根结线虫（*Meloidogyne incognita*）、爪哇根结线虫（*M. Javanica*）和花生根结线虫（*M. arenaria*）的抗性强弱。

1 高抗（HR）
3 中抗（MR）
5 中感（MS）
7 高感（HS）

3.8.2 白粉病抗性

黄秋葵植株对白粉病菌（*Oidium* sp.）的抗性强弱。

1 高抗（HR）
3 抗病（R）
5 中抗（MR）
7 感病（S）
9 高感（HS）

3.9 其他特性

3.9.1 日长反应特性

黄秋葵植株生长发育对日照长度的反应特征。

1 敏感
2 中等
3 钝感

3.9.2　核型

黄秋葵种质染色体的数目、大小、形态和结构特征的公式。

3.9.3　用途

黄秋葵产品的主要用途。栽培黄秋葵按用途可以分七种类型。

1　　蔬菜
2　　加工
3　　观赏
4　　种子
5　　饲料
6　　油用
7　　其他

3.9.4　指纹图谱与分子标记

黄秋葵种质指纹图谱和重要性状的分子标记类型及其特征参数。

3.9.5　备注

黄秋葵种质特殊描述符或特殊代码的具体说明。

4 黄秋葵种质资源数据标准

序号	代号	描述符	字段名	字段英文名	字段类型	字段长度	字段小数位	单位	代　码	代码英文名	例　子
1	101	全国统一编号	统一编号	Accession number	C	8					V12B0001
2	102	种质库编号	库编号	Genebank number	C	8					II12B0028
3	103	引种号	引种号	Introduction number	C	8					20110007
4	104	采集号	采集号	Collection number	C	10					2014350038
5	105	种质名称	种质名称	Germplasm name	C	30					闽秋葵 1 号
6	106	种质外文名	种质外文名	Alien name	C	30					SAMRAT
7	107	科名	科名	Family	C	30					锦葵科（Malvaceae）
8	108	属名	属名	Genus	C	30					秋葵属（*Abelmoschus*）
9	109	学名	学名	Species	C	60					*Abelmoschus esculentus*（L.）Moench（黄秋葵），*Hibiscus coccineus*（Medicus）Walt（红秋葵）

（续表）

序号	代号	描述符	字段名	字段英文名	字段类型	字段长度	字段小数位	单位	代　码	代码英文名	例　子
10	110	原产国	国家	Country of origin	C	16					中国
11	111	原产省	省	Province of origin	C	20					福建省
12	112	原产地	原产地	Origin	C	6					漳州
13	113	海拔	海拔	Altitude	N	5	0	m			545
14	114	经度	经度	Longitude	N	6	0				11726
15	115	纬度	纬度	Latitude	N	5	0				2308
16	116	来源地	来源地	Sample source	C	24					印度
17	117	保存单位	保存单位	Donor institute	C	40					福建省农业科学院亚热带农业研究所
18	118	保存单位编号	单位编号	Donor accession number	C	8					闽第 5 号
19	119	系谱	系谱	Pedigree	C	70					gz136 – 1 × 东园 2 号
20	120	选育单位	选育单位	Breeding institute	C	40					福建省农业科学院
21	121	育成年份	育成年份	Releasing year	N	4					2009
22	122	选育方法	选育方法	Breeding methods	C	20					杂交

（续表）

序号	代号	描述符	字段名	字段英文名	字段类型	字段长度	字段小数位	单位	代　码	代码英文名	例　子
23	123	种质类型	种质类型	Biological Status of accession	C	12			1：野生资源 2：地方品种 3：选育品种 4：品系 5：遗传材料 6：其他	1：Wild 2：Land race 3：Improved cultivar 4：Breeding line 5：Genetic stock 6：Other	选育品种
24	124	图像	图像	Image file name	C	30					H000056. jpg
25	125	观测地点	观测地点	Observation location	C	20					福建漳州
26	201	播种期	播种期	Sowing date	D	8					20120315
27	202	出苗期	出苗期	Emergence date	D	8					20120401
28	203	现蕾期	现蕾期	Budding date	D	8					20120613
29	204	开花期	开花期	Flowering date	D	8					20120618
30	205	结果期	结果期	Fruit – bearing	D	8					20120814
31	206	始收期	始收期	Date of first harvest	D	8					20120705
32	207	末收期	末收期	Date of last harvest	D	8					20121018
33	208	种子成熟期	成熟期	Date of maturity	D	8					20120728
34	209	熟期类型	熟期类型	Maturity type	C	6			1：极早熟 2：早熟 3：中熟 4：晚熟 5：极晚熟	1：Extra – early maturity 2：Early maturity 3：Inter mediate maturity 4：Late maturity 5：Extra – late maturity	中熟

（续表）

序号	代号	描述符	字段名	字段英文名	字段类型	字段长度	字段小数位	单位	代　码	代码英文名	例　子
35	210	子叶形状	子叶形状	Shape ofcotyldon	C	8			1：卵圆形 2：椭圆形 3：长椭圆形	1：Olivary 2：Oblong 3：Long oblong	卵圆形
36	211	子叶色	子叶色	Color of cotyldon	C	4			1：浅绿 2：黄绿 3：绿 4：深绿 5：红	1：Light green 2：Yellowish green 3：Green 4：Dark green 5：Red	浅绿
37	212	子叶姿态	子叶姿态	Posture ofcotyldon	C	4			1：平展 2：上冲	1：Spread 2：Upward	平展
38	213	下胚轴色	下胚轴色	Hypocotyl color	C	2			1：绿 2：红	1：Green 2：Red	绿
39	214	株型	株型	Plant type	C	6			1：直立 2：半直立 3：匍匐	1：Erect 2：Semi－erect 3：Procumbent	直立
40	215	株高	株高	Plant height	N	6	1	cm			213.5
41	216	茎粗	茎粗	Stem diameter	N	4	1	cm			10.2
42	217	分枝习性	分枝习性	Branching habit	C	2			0：无 1：弱 2：中 3：强	0：None 1：Weak 2：Intermediate 3：Strong	强
43	218	第一分枝节位	分枝节位	Nodefor the lst branch occurance	N	2	0	节			3

（续表）

序号	代号	描述符	字段名	字段英文名	字段类型	字段长度	字段小数位	单位	代　码	代码英文名	例　子
44	219	分枝数	分枝数	Number of primary branches	N	2	0	个			6
45	220	主茎节数	主茎节数	Nodes number of the main stem	N	2	0	节			21
46	221	节间长度	节间长度	Length of internode	N	4	1	cm			7.8
47	222	叶姿	叶姿	Posture of leaves	C	4			1：直立 2：水平 3：下垂	1：Erect 2：Horizontal 3：Drooping	直立
48	223	叶裂深浅	叶裂深浅	Blade notched depth	C	4			1：全叶 2：浅裂 3：深裂 4：全裂	1：The whole leaf 2：Supersulcus 3：Deep cleft 4：Through shake	全叶
49	224	叶色	叶色	Leaf color	C	4			1：浅绿 2：黄绿 3：绿 4：深绿 5：红	1：Light green 2：Yellowish green 3：Green 4：Dark green 5：Red	绿
50	225	叶毛	叶毛	Leafhair	C	4			0：无 1：稀少 2：中等 3：浓密	0：Absent 1：Sparse 2：Intermediate 3：Dense	中等
51	226	叶刺	叶刺	Leaf setal spine	C	2			0：无 1：有	0：Absent 1：Present	有

（续表）

序号	代号	描述符	字段名	字段英文名	字段类型	字段长度	字段小数位	单位	代 码	代码英文名	例 子
52	227	叶片长度	叶长	Leaf length	N	4	1	cm			21.6
53	228	叶片宽度	叶宽	Leaf width	N	4	1	cm			18.7
54	229	叶缘锯齿大小	叶缘锯齿大小	Dentation of leaf blade margin	C	4			1：小 2：中 3：大	1：Weak 2：Medium 3：Strong	中
55	230	叶柄色	叶柄色	Petiole color	C	4			1：浅绿 2：绿 3：深绿 4：淡红 5：红 6：紫	1：Pale green 2：Green 3：Dark green 4：Light red 5：Red 6：Purple	红
56	231	叶柄表面	叶柄表面	Petiole pubescence	C	4			1：光滑 2：少毛 3：多毛	1：Smooth 2：Less hair 3：Hairiness	少毛
57	232	叶柄长度	叶柄长度	Petiole length	N	4	1	cm			10.3
58	233	叶柄粗度	叶柄粗	Petiole diameter	N	4	1	cm			0.5
59	234	腋芽	腋芽	Axillary bud	C	2			0：无 1：有	0：Absent 1：Present	无
60	235	托叶大小	托叶大小	Stipules size	C	2			0：无 1：小 2：大	0：Absent 1：Little 2：Large	无

（续表）

序号	代号	描述符	字段名	字段英文名	字段类型	字段长度	字段小数位	单位	代码	代码英文名	例子
61	236	托叶形状	托叶形状	Stipule shape	C	4			1：线形 2：叶形	1：Linear 2：Leaf-shaped	线形
62	237	托叶颜色	托叶色	Stipule color	C	2			1：绿 2：红	1：Green 2：Red	绿
63	238	叶面叶脉色	叶面叶脉色	Colour of leaf upper surface vein	C	14			1：白 2：绿 3：红 4：基部红，端部绿	1：White 2：Green 3：Red 4：Base red, end green	红
64	239	叶背叶脉色	叶背叶脉色	Colour of leaf dorsal surface vein	C	4			1：白 2：绿 3：鲜红 4：紫红 5：暗红	1：White 2：Green 3：Bright red 4：Purplish red 5：Dark red	白
65	240	茎型	茎型	Stem type	C	2			1：直 2：弯	1：Erect 2：Curve	直
66	241	茎表面	茎表面	Stem pubescence	C	4			1：无毛 2：少毛 3：多毛 4：有刺	1：Smooth 2：Less hair 3：Hairiness 4：Bristled	无毛
67	242	苗期茎色	苗期茎色	Stem color at seedling stage	C	4			1：绿 2：微红 3：淡红 4：红 5：紫	1：Green 2：Pink red 3：Light red 4：Red 5：Purple	淡红

（续表）

序号	代号	描述符	字段名	字段英文名	字段类型	字段长度	字段小数位	单位	代　码	代码英文名	例　子
68	243	中期茎色	中期茎色	Stem color at middle stage	C	4			1：绿 2：微红 3：淡红 4：红 5：紫	1：Green 2：Pink red 3：Light red 4：Red 5：Purple	红
69	244	后期茎色	后期茎色	Stem color at late stage	C	4			1：绿 2：深绿 3：红 4：紫红	1：Green 2：Dark green 3：Red 4：Purplish red	绿
70	245	萼片色	萼片色	Sepal color	C	4			1：绿 2：淡红 3：红 4：紫	1：Green 2：Light red 3：Red 4：Purple	绿
71	246	萼片表面	萼片表面	Pubescene of sepal	C	4			1：光滑 2：有毛 3：有刺	1：Smooth 2：Hairy 3：Bristled	光滑
72	247	萼片形状	萼片形状	Sepal shape	C	6			1：线形 2：披针形 3：三角形	1：Striation 2：Lanceolate 3：Triangle	线形
73	248	萼片存留	萼片存留	Sepals presence	C	8			1：不存留 2：部分存留 3：存留	1：Absent 2：Some remaining 3：Present	存留
74	249	花萼数	花萼数	Number of sepal	N	2	0	片			10
75	250	苞片数	苞片数	Number of bracts	N	2	0	片			1

（续表）

序号	代号	描述符	字段名	字段英文名	字段类型	字段长度	字段小数位	单位	代　码	代码英文名	例　子
76	251	苞片端部	苞片端部	Shape of bract top	C	4			1：锐尖 2：钝尖 3：分叉	1：Apex acute 2：Blunt shape 3：Bifurcation	锐尖
77	252	苞片颜色	苞片颜色	Bracts color	C	4			1：黄绿 2：绿 3：红 4：紫红	1：Green – yellow 2：Green 3：Red 4：Purplish red	绿
78	253	苞片表面	苞片表面	Pubescene of bracts	C	4			1：光滑 2：有毛 3：有刺	1：Smooth 2：Hairy 3：Bristled	有毛
79	254	花冠着生方式	花冠着生方式	Corolla growth manner	C	4			1：直立 2：斜生 3：下垂	1：Erect 2：Slanting 3：Drooping	斜生
80	255	花冠大小	花冠大小	Dimension of corolla	C	2			1：小 2：中 3：大	1：Smaller 2：Intermediate 3：Larger	大
81	256	花瓣数	花瓣数	Number of petals	N	2	0	瓣			5
82	257	花冠形状	花冠形状	Corolla shape	C	6			1：钟状 2：螺旋状	1：Campanulate 2：Helical	钟状
83	258	花瓣离合	花瓣离合	Joint or separation of petal	C	4			1：叠生 2：分离	1：Jointed 2：Seperated	分离

（续表）

序号	代号	描述符	字段名	字段英文名	字段类型	字段长度	字段小数位	单位	代　码	代码英文名	例　子
84	259	花冠色	花冠色	Corolla color	C	4			1：乳白 2：淡黄 3：黄 4：金黄 5：淡红 6：红	1：White 2：Light yellow 3：Yellow 4：Golden 5：Light red 6：Red	淡黄
85	260	瓣脉色	瓣脉色	Petal vein colour	C	2			1：白 2：黄 3：红	1：White 2：Yellow 3：Red	白
86	261	花喉色	花喉色	Color of flower throat	C	4			1：淡黄 2：乳黄 3：黄 4：淡红 5：红 6：紫红 7：紫 8：紫黑	1：Light yellow 2：Pale yellow 3：Yellow 4：Light red 5：Red 6：Purplish red 7：Purple 8：Purplish black	黄
87	262	花喉色显现部位	花喉色显现部位	The presence of flower throat color	C	8			1：里面 2：两面	1：Inside 2：Inside and outside	里面
88	263	柱头色	柱头色	Stigma color	C	2			1：红 2：紫	1：Red 2：Purple	红
89	264	花柱类型	花柱类型	Style type	C	2			1：短 2：中 3：长	1：Short 2：Inter mediate 3：Long	短

（续表）

序号	代号	描述符	字段名	字段英文名	字段类型	字段长度	字段小数位	单位	代　码	代码英文名	例　子
90	265	花柱底色	花柱底色	Style basic colour	C	4			1：淡黄 2：淡红 3：红 4：紫红 5：紫	1：Canary yellow 2：Pale red 3：Red 4：Purplish red 5：Purple	红
91	266	花梗类型	花梗类型	Pedicel type	C	2			1：短 2：中 3：长	1：Short 2：Intermediate 3：Long	中
92	267	始果节	始果节	Node of thefirst fruit	N	2	0	节			7
93	268	蒴果大小	蒴果大小	Fruit size	C	2			1：小 2：中 3：大	1：Smaller 2：Intermediate 3：Larger	中
94	269	蒴果长度	蒴果长度	Fruit length	N	4	1	cm			13.5
95	270	蒴果宽度	蒴果宽度	Fruitwidth	N	4	1	cm			4.8
96	271	果实弯曲度	果实弯曲度	Fruit bending degree	C	6			1：直 2：微弯 3：弯 4：末端弯 5：S形弯	1：Straight 2：Slightly curved 3：Curved 4：Straight in the distalpart 5：Curved in‘S’shape	弯
97	272	蒴果类型	蒴果类型	Fruit type	C	8			1 圆果 2 有棱圆果 3 棱果	1：Round fruit 2：Round fruit with ribs 3：Fruit with ridges	圆果

（续表）

序号	代号	描述符	字段名	字段英文名	字段类型	字段长度	字段小数位	单位	代　码	代码英文名	例　子
98	273	果实色	果实色	Thepericarp colour	C	4			1：浅绿 2：黄绿 3：青绿 4：绿 5：深绿 6：粉红 7：红 8：粉紫 9：紫红	1：Light green 2：Yellow and green 3：Green 4：Green 5：Dark green 6：Pink 7：Red 8：Pink and Purple 9：Purplish red	绿
99	274	果实表面	果实表面	Fruitsurface	C	8			1：光滑 2：少毛 3：多毛 4：突起 5：轻微粗毛 6：多刺	1：Smooth 2：Less hair 3：Hairy 4：Bumps 5：Slight shag 6：Spiny	少毛
100	275	果实光泽	果实光泽	Pericarp glossiness	C	4			0：无 1：略有 2：光亮	0：Absent 1：Slightly 2：Shiny	略有
101	276	果顶形状	果顶形状	Fruit apex shape	C	6			1：尖 2：长尖 3：长渐尖 4：钝尖 5：瓶颈状 6：圆	1：Pointed 2：Lengthily pointed 3：Long acuminate 4：Blunt – tipped 5：Bottle – necked 6：Rounded	长尖
102	277	果实基部收缩强度	果实基部收缩	Constriction at basal part of fruit	C	2			1：无 2：弱 3：强	1：Absent 2：Weakly 3：Strongly	无

（续表）

序号	代号	描述符	字段名	字段英文名	字段类型	字段长度	字段小数位	单位	代　码	代码英文名	例　子
103	278	果实棱数	果实棱数	The number offruit edges	N	2	1	棱			5.3
104	279	果棱间表面	果棱间表面	Fruit surface between ridge	C	2			1：凹 2：平 3：凸	1：Concave 2：Flat 3：Convex	平
105	280	子房室数	子房室数	Number of ovaries	N	2	1	室			5.5
106	281	果柄表面	果柄表面	pedicel surface pubescene	C	8			0：无 1：稀疏粗毛 2：多刺	0：Nothing 1：Sparse hair; 3：Spiny	稀疏粗毛
107	282	果柄色	果柄色	Pedicel color	C	4			1：浅绿 2：黄绿 3：青绿 4：绿 5：深绿 6：粉红 7：红 8：粉紫 9：紫	1：Light green 2：Yellow and green 3：Green 4：Green 5：Dark green 6：Pink 7：Red 8：Pink purple 9：Purple	绿
108	283	果柄长	果柄长	Pedicel length	N	4	1	cm			5.6
109	284	果柄粗	果柄粗	Pedicel width	N	4	1	cm			2.1
110	285	蒴果封闭性	蒴果封闭性	Seed dispersal habit	C	6			1：闭合 2：稍开裂 3：开裂	1：Indehiscent 2：Semi – dehiscent 3：Dehiscent	开裂

（续表）

序号	代号	描述符	字段名	字段英文名	字段类型	字段长度	字段小数位	单位	代　码	代码英文名	例　子
111	286	单株间形态	单株间形态	Inter plant morphology	C	10			1：一致 2：连续变异 3：非连续变异	1：Uniform 2：Continous variant 3：Uniform Variant	连续变异
112	287	果姿	果姿	Fruit posture	C	4			1：直立 2：微斜 3：斜生 4：水平	1：Erect 2：Slight slanting 3：At an angle 4：Horizontal	直立
113	288	单株果数	单株果数	Number of fruits per plant	N	2	0	个			40
114	289	单果重	单果重	Fruit weight	N	4	1	g			20.7
115	290	单株产量	单株产量	Fruit yield per plant	N	4	1	kg			1.1
116	291	单果种子数	单果种子数	Seed numbers per fruit	N	4	1	粒			80.5
117	292	种皮颜色	种皮颜色	Seed coat color	C	4			1：棕 2：棕黄 3：棕褐 4：灰褐 5：黄褐 6：青褐 7：赤褐 8：褐 9：黑褐	1：light brown 2：Blond 3：Brown 4：Taupe 5：Russet 6：Blue-brown 7：Red-brown 8：Dark brown 9：Black-brown	棕

（续表）

序号	代号	描述符	字段名	字段英文名	字段类型	字段长度	字段小数位	单位	代　码	代码英文名	例　子
118	293	种皮表面	种皮表面	Seed coat surface	C	4			1：平滑 2：凹坑 3：皱褶	1：Smooth 2：Pit 3：Creases	凹坑
119	294	种子形状	种子形状	Seed shape	C	6			1：圆形 2：扁圆形 3：肾形 4：亚肾形	1：Round 2：Oblate 3：Reniform 4：Mild kidney	圆形
120	295	种子千粒重	千粒重	1 000 – Seed weight	N	4	2	g			24. 63
121	301	畸形果率	畸形果率	Rate of deformity fruit	N	4	1	%			1. 8
122	302	果实整齐度	整齐度	Uniformity of fruit	C	2			1：整齐 2：中等 3：不整齐	1：Uniform 2：Medium 3：Uonuniform	整齐
123	303	果肉厚度	果肉厚度	Thickness of fruit flesh	N	4	1	mm			2. 2
124	304	耐贮藏性	耐贮藏性	Shelf life of fruit	C	2			3：强 5：中 7：弱	3：Strong 5：Intermediate 7：Weak	强
125	305	维生素 C 含量	维生素 C	Vitamin C content of fruit	N	6	2	10^{-2} mg/g			12. 33
126	306	多糖含量	多糖	Polysaccharidecon-tent	N	6	2	%			7. 15

（续表）

序号	代号	描述符	字段名	字段英文名	字段类型	字段长度	字段小数位	单位	代　码	代码英文名	例　子
127	307	膳食纤维含量	膳食纤维	Dietary fiber content	N	6	2	%			7. 31
128	308	木质素含量	木质素	Lignose content	N	6	2	%			4. 52
129	309	果胶含量	果胶	Pectin content	N	6	2	%			26. 14
130	401	耐旱性	耐旱性	Drought tolerance	C	2			3：强 5：中 7：弱	3：Strong 5：Intermediate 7：Weak	中
131	402	耐涝性	耐涝性	Waterlogging tolerance	C	2			3：强 5：中 7：弱	3：Strong 5：Intermediate 7：Weak	弱
132	403	耐寒性	耐寒性	Cold tolerance	C	2			3：强 5：中 7：弱	3：Strong 5：Intermediate 7：Weak	弱
133	404	耐盐碱性	耐盐碱性	Saline – alkali tolerance	C	2			3：强 5：中 7：弱	3：Strong 5：Intermediate 7：Weak	强
134	405	抗倒性	抗倒性	Logging tolerance	C	4			1：极强 3：强 5：中 7：弱 9：极弱	1：Very strong 3：Strong 5：Intermediate 7：Weak 9：Very weak	强

（续表）

序号	代号	描述符	字段名	字段英文名	字段类型	字段长度	字段小数位	单位	代　码	代码英文名	例　子
135	501	根结线虫病抗性	根结线虫病	Root – knot nomatodes resistance	C	4			1：高抗 3：中抗 5：中感 7：高感	1：High resistant 3：Moderate resistant 5：Moderate susceptive 7：High susceptive	中感
136	502	白粉病抗性	白粉病	Powdery mildew resistance	C	4			1：高抗 3：抗病 5：中抗 7：感病 9：高感	1：High resistant 3：Resistant 5：Moderate resistant 7：Susceptive 9：High susceptive	中抗
137	601	日长反应特性	日长反应特性	Response to day length	C	4			1：敏感 2：中等 3：钝感	1：Sensitive 2：Intermediate 3：Non-sensitive	敏感
138	602	核型	核型	Karyotype	C	20					
139	603	果实用途	果实用途	Use	C	4			1：蔬菜 2：加工 3：观赏 4：种子 5：饲料 6：油用 7：其他	1：Vegetables 2：Processing 3：Watch 4：Seed 5：Feed 6：Oil 7：Other	蔬菜
140	604	指纹图谱与分子标记	分子标记	Finger printing and molecular markers	C	40					
141	605	备注	备注	Remarks	C	30					

5 黄秋葵种质资源数据质量控制规范

5.1 范围

本规范规定了黄秋葵种质资源数据采集过程中的质量控制内容和方法。

本规范适用于黄秋葵种质资源的整理、整合和共享。

5.2 规范性引用文件

下列文件中的条款通过本规范的引用而成为本规范的条款。凡是注日期的引用文件，其随后所有的修改单（不包括勘误的内容）或修订版均不适用于本规范，然而，鼓励根据本规范达成协议的各方研究是否可使用这些文件的最新版本。凡是不注日期的引用文件，其最新版本适用于本规范。

ISO 3166 Codes for the Representation of Names of Countries

GB/T 2659　世界各国和地区名称代码

GB/T 2260　中华人民共和国行政区划代码

GB/T 12404　单位隶属关系代码

GB 4407.2　经济作物种子

GB 7415　主要农作物种子贮藏

GB/T 3543　农作物种子检验规程

GB/T 6195　水果、蔬菜维生素 C 含量测定方法（2，6-二氯靛酚滴定法）

GB/T 8855　新鲜水果和蔬菜的取样方法

GB/T 10220　感官分析 方法学 总论

5.3 数据质量控制的基本方法

5.3.1 形态特征和生物学特性观测试验设计

5.3.1.1　试验地点

试验地点的环境条件应能够满足黄秋葵植株的正常生长发育及其性状的正常表达。

5.3.1.2　田间设计

按不同地区生产习惯适时播种。闽南地区适宜播种期：春季为3月中旬至4月上旬，秋季为8月至9月上旬。北方地区适宜在5月下旬播种。田间设计采用顺序排列或随机排列，3次重复，每小区2行，畦宽1.5 m，株距30～35cm，行距40～50cm，点播，下种深度3cm左右。

资源鉴定试验选择当地适宜的播种节令、规格和方式种植，采用顺序排列或随机排列，行株距为50cm×40 cm，每份种质重复2～3次，每次重复50株。

形态特征和生物学特性观测试验应设置对照品种，一般以主栽品种作为对照品种。

5.3.1.3　栽培环境条件控制

试验地土质应在当地具有代表性，前茬一致，土壤肥力中等均匀。试验地要远离污染，无人畜侵扰，附近无树木和高大建筑，有排灌设施和条件。田间管理与当地黄秋葵生产基本相同，采用相同水肥管理，及时防治病虫害，保证植株的正常生长，适时收获。

5.3.2　数据采集

形态特征和生物学特性观测试验原始数据的采集应在黄秋葵种质正常生产情况下获得，如遇自然灾害等因素严重影响植株正常生长，应重新进行观测试验和数据采集。

5.3.3　样本处理

黄秋葵生物学特性和产量性状的观测试验，采取随机取样的方法。样本数量不少于20株，样株为大小适中、无病虫危害、未折断或无折痕的完整植株，确保采集数据的准确性和可靠性。

5.3.4　试验数据统计分析和校验

每份种质的形态特征和生物学特性观测数据依据对照品种进行校验。根据每年2～3次重复、2年度的观测校验值，计算每份种质性状的平均值、变异系数和标准差，并进行方差分析，判断试验结果的稳定性和可靠性。取校验值的平均值作为该种质的性状值。

5.4　基本信息

5.4.1　全国统一编号

黄秋葵种质的全国统一编号为V12B加4位顺序号组成，如“V12B0001”。按编目时间顺序排列，从“0001”到“9999”代表黄秋葵种质的具体编号。全国统一编号具有唯一性。

5.4.2　种质库编号

种质库编号是由Ⅱ12B加4位顺序号组成的8位字符串，如“Ⅱ12B0025”。其中，后4位为顺序号，从“0001”到“9999”，代表黄秋葵的具体编号，只有进入国家农作物种质资源长期库保存的种质才有种质库编号。每份种质具有唯一的种质库编号。

5.4.3　引种号

引种号是指种质资源从国外引入时赋予的编号。引种号是由年份加4位顺序码组成的8位字符串，如“20110079”。前4位表示种质从境外引进年份，后4位为顺序码，从“0001”到“9999”。每份引进种质具有唯一的引种号。

5.4.4　采集号

采集号是指黄秋葵种质资源在野外采集时赋予的编号。一般由采集年份加2位省份代码加4位顺序码组成，如“2014350046”，其中，“2014”代表采集年份，“35”代表采集地为福建省，“0046”为顺序码。

5.4.5　种质名称

国内种质的原始名称和国外引进种质的中文译名，如有多个名称，可以放在英文括号内，用英文逗号分隔，如“种质名称1（种质名称2，种质名称3）”；国外引进种质如果没有中文译名，可直接填写种质的外文名称。有些种质可能只有数字编号，则该编号为种质名称。

5.4.6　种质外文名

国外引进种质的外文名和国内种质的汉语拼音名。每个汉字的汉语拼音之间空一格，每个汉字拼音的首个字母大写，如“SAMRAT”。国外引进种质的外文名应注意大小写和空格。

5.4.7　科名

科名由拉丁文加英文括号内的中文名组成，如“Malvaceae（锦葵科）”。如没有中文名，直接填写拉丁名。

5.4.8　属名

属名由拉丁文加英文括号内的中文名组成，如“*Abelmoschus.*（秋葵属）”。如没有中文名，直接填写拉丁名。

5.4.9　学名

学名由拉丁文加英文括号内的中文名组成，如“*Abelmoschus esculentus*（L.）*Moench*（黄秋葵）”。如没有中文名，直接填写拉丁名。

5.4.10　原产国

黄秋葵原产国家名称、地区名称或国际组织名称。国家和地区名称参照ISO3166和GB/T 2659，如该国家已不存在，应在原国家名称前加“原”，如“原苏联”。国际组织名称用该组织的英文缩写，如“mPGR”。

5.4.11　原产省

国内黄秋葵种质的原产省份名称，省份名称参照 GB/T 2260；国外引进种质原产省用原产国家一级行政区的名称。

5.4.12　原产地

国内黄秋葵种质的原产县、乡、村名称。县名参照 GB/T 2260。

5.4.13　海拔

黄秋葵原产地的海拔高度，单位为 m。

5.4.14　经度

黄秋葵原产地的经度，单位为°。格式为十进制的度数，数值一般从 GPS 上读取。东经以正数表示，西经以负数表示。如经度“116.32192”表示东经 116.32192°。

5.4.15　纬度

黄秋葵原产地的纬度，单位为°。格式为十进制的度数，数值一般从 GPS 上读取。北纬以正数表示，南纬以负数表示。如纬度“39.95531”表示北纬 39.95531°。

5.4.16　来源地

国内黄秋葵种质来源省、县名称，国外引进种质的来源国家、地区名称或国际组织名称。国家、地区和国际组织名称同 4.10，省和县名称参照 GB/T 2260。

5.4.17　保存单位

黄秋葵种质提交国家种质资源长期库前的保存单位名称。单位名称应写全称，如“福建省农业科学院亚热带农业研究所”。

5.4.18　保存单位编号

黄秋葵种质原保存单位赋予的种质编号。例如“G0003”。保存单位编号在同一保存单位应具有唯一性。

5.4.19　系谱

黄秋葵选育品种（系）的亲缘关系。如闽秋葵 1 号的系谱为 gz136 – 1 × 东园 2 号。

5.4.20　选育单位

选育黄秋葵品种（系）的单位名称或个人。单位名称应写全称，如“福建省农业科学院亚热带农业研究所”。

5.4.21　育成年份

黄秋葵品种（系）培育成功的年份。如“2008”、“2013”等。

5.4.22　选育方法

黄秋葵品种（系）的育种方法。如“系选”、“杂交”、“辐射”等。

5.4.23 种质类型

保存的黄秋葵种质的类型，分为：

1 野生资源
2 地方品种
3 选育品种
4 品系
5 遗传材料
6 其他

5.4.24 图像

黄秋葵种质的图像文件名，图像格式为“.jpg”。图像文件名由统一编号加半连号“-”加序号加“.jpg”组成。如有多个图像文件，图像文件名用英文分号分隔，如“00000058-1.jpg；00000058-2.jpg”。图像对象主要包括植株、花、果实、特异性状等。图像要清晰，对象要突出。

5.4.25 观测地点

黄秋葵种质形态特征和生物学特性观测地点的名称，记录到省和县名，如“福建漳州”。

5.5 形态特征和生物学特性

5.5.1 播种期

播种当日记录日期。表示方法为“年月日”，格式“YYYY MM DD”。如“20130325”，表示2013年3月25日播种。

5.5.2 出苗期

小区出现第一株幼苗（2片子叶完全展平）开始，每天上午9：00~10：00观测，记录幼苗株数。50%（以试验小区成苗数为准）幼苗出苗的日期为出苗期。表示方法和格式同5.1。

5.5.3 现蕾期

小区黄秋葵植株开始现蕾（直径约2mm，肉眼可见）后，隔1d 1次，上午9：00~10：00观测，记录现蕾株数。以试验小区全部的黄秋葵株为观测对象，50%植株现蕾的日期为现蕾期。表示方法和格式同5.1。

5.5.4 开花期

小区开放第一朵花后，隔1d 1次，上午9：00~10：00观测，记录开花株数。以试验小区全部黄秋葵株为观测对象，50%植株开花（花冠完全张开）的日期为开花期。表示方法和格式同5.1。

5.5.5 结果期

当小区植株叶腋间出现绿色小果后，隔 1d1 次，上午 9：00 ~ 10：00 观测，记录结果株数。以试验小区全部黄秋葵株为观测对象，50% 植株结果（果径 0.5cm 以上）的日期为结果期。表示方法和格式同 5.1。

5.5.6 始收期

30% 的植株第一次采收商品果的日期，以“年月日”表示，格式为“YYYYMMDD”。

5.5.7 末收期

最后一次收获商品果的日期，以“年月日”表示，格式为“YYYYMMDD”。

5.5.8 种子成熟期

当 2/3 以上的植株，单株 2/3 以上的蒴果变成褐色，表明植株已达到种子成熟期。以试验小区全部黄秋葵株为观测对象，记录种子成熟株数，2/3 以上植株达到种子成熟的日期为种子成熟期。表示方法和格式同 5.1。

5.5.9 熟期类型

以黄秋葵种质在原产地或接近地区的生育天数，按照下列标准，确定种质的熟期类型。

1　极早熟（<30d）
2　早熟（30 ~ 50d）
3　中熟（50 ~ 75d）
4　晚熟（75 ~ 90d）
5　极晚熟（≥90d）`

5.5.10 子叶形状

第一片真叶展开时，以试验小区全部幼苗为观测对象，目测黄秋葵子叶的形状。

根据子叶形状模式图，确定每份种质的子叶形状。

1　卵圆形
2　椭圆形
3　长椭圆形

5.5.11 子叶色

第一片真叶展开时，以试验小区全部幼苗为观测对象，在正常一致的光照条件下，目测或参考比色卡，按最大相似原则确定子叶颜色。

根据观察结果，确定每份种质的子叶颜色。

1　浅绿
2　黄绿
3　绿

4　深绿

5　红

上述没有列出的其他子叶颜色，需要另外给予详细的描述和说明。

5.5.12　子叶姿态

第一片真叶展开时，以试验小区全部幼苗为观测对象，在正常一致的光照条件下，目测第一对子叶完全展开时，黄秋葵的子叶姿态。

根据观察结果并参考子叶姿态模式图，确定每份种质的子叶状态

1　平展

2　上冲

5.5.13　下胚轴色

第一片真叶展开时，以试验小区全部幼苗为观测对象，在正常一致的光照条件下，目测或参考比色卡，按最大相似原则确定下胚轴颜色。

根据观察结果并参考下胚轴模式图，确定每份种质的下胚轴颜色。

1　绿

2　红

上述没有列出的其他下胚轴颜色，需要另外给予详细的描述和说明。

5.5.14　株型

现蕾期，以试验小区全部黄秋葵植株为观测对象，观察黄秋葵植株的形态。

根据观察结果并参考株形模式图，确定每份种质的株形。

1　直立

2　半直立

3　匍匐

5.5.15　株高

末收期，从主茎基部到主茎枝顶端的高度。单位为 cm，精确到 0.1cm。

5.5.16　茎粗

末收期，主茎基部的粗度。单位为 cm，精确到 0.1cm。

5.5.17　分枝习性

末收期，每株有效分枝数和次级分枝的发生情况。

根据观察结果并参考分枝习性模式图，确定每份种质的分枝强弱。

0　无（只有主茎，无任何分枝）

1　弱（从主茎上发出 2～4 个一级分枝，无次级分枝）

2　中（从主茎上发出 4～6 个一级分枝，有较少的次级分枝）

3　强（从主茎上发出的多于 6 个一级分枝，有较多的次级分枝）

5.5.18　第一分枝节位

末收期，黄秋葵植株主茎上第一个分枝所在的节位。单位为节，精确到

1 节。

5.5.19 分枝数

末收期，从黄秋葵植株主茎上发出分枝的个数。单位为个，精确到 1 个。

5.5.20 主茎节数

末收期，每株从子叶节到主茎枝顶端的节数。单位为节，精确到 1 节。

5.5.21 节间长度

末收期，株高与主茎节数的比值。单位为 cm，精确到 0.1cm。

5.5.22 叶姿

现蕾期，从试验小区中部随机取样（非破坏性）20 株，采用目测和量角器测量相结合的方法，观察叶片的着生方向，度量每株黄秋葵植株中部生长正常、完全展开叶的主脉与主茎的夹角。

根据叶角大小和叶着生姿态，参照叶姿模式图，确定每份种质的叶姿。

1　直立（叶片向上而立，与水平面的夹角大于 30°）

2　水平（叶片沿水平方向伸展，与水平面的夹角为 -15° ~ +30°）

3　下垂（叶片向上而垂，与水平面的夹角小于 -15°）

5.5.23 叶裂深浅

现蕾期，以试验小区全部黄秋葵植株为观测对象，观测叶片叶缘缺裂的深浅。

根据观察结果并参考叶裂深浅模式图，确定每份种质的叶缘缺刻的类型。

1　全叶

2　浅裂

3　深裂

4　全裂

5.5.24 叶色

现蕾期，以试验小区全部黄秋葵植株为观测对象，在正常一致的光照条件下，目测或参考比色卡，按最大相似原则确定植株中部正常叶片的正面颜色。

根据观察结果，确定每份种质的叶片颜色。

1　浅绿

2　黄绿

3　绿

4　深绿

5　红

上述没有列出的其他叶色，需要另外给予详细的描述和说明。

5.5.25 叶毛

现蕾期，以试验小区全部黄秋葵植株为观测对象，通过目测和手的触摸，以及与对照品种的比较，评价黄秋葵叶片表面绒毛的有无和密度。

根据观察结果，确定每份种质的叶毛状况。

0　无

1　稀少

2　中等

3　浓密

5.5.26　叶刺

现蕾期，以试验小区全部黄秋葵植株为观测对象，通过目测和手的触摸，以及与对照品种的比较，评价黄秋葵叶片表面叶刺状况。

根据观察结果，确定每份种质的叶刺状况。

0　无

1　有

5.5.27　叶片长度

开花期，从试验小区中部随机取样（非破坏性）10 株，以黄秋葵生长点以下倒数第五片、第八片和第十片完全展开叶为观测对象，测量每片叶从基部至叶尖端的距离，取平均值。单位为 cm，精确到 0.1cm。

5.5.28　叶片宽度

开花期，以 3.5.28 中采集的 10 株黄秋葵植株为观测对象，测量每株黄秋葵生长点以下倒数第五片、第八片和第十片完全展开叶最宽处的距离，取平均值。单位为 cm，精确到 0.1cm（图 9）。

5.5.29　叶缘锯齿大小

开花期，以试验小区全部黄秋葵植株为观测对象，观察黄秋葵植株完全展开叶的叶缘锯齿情况。

根据观察结果并参考叶缘锯齿模式图，确定每份种质的叶缘锯齿大小。

1　小

2　中

3　大

5.5.30　叶柄色

开花期，以试验小区全部黄秋葵植株为观测对象，在正常一致的光照条件下，目测或参考比色卡，按最大相似原则确定黄秋葵植株中部叶柄表面的颜色。

根据观察结果，确定每份种质的叶柄颜色。

1　浅绿

2　绿

3　深绿

4　淡红

5　红

6　紫

上述没有列出的其他叶柄色，需要另外给予详细的描述和说明。

5.5.31　叶柄表面

开花期，以试验小区全部黄秋葵植株为观测对象，通过目测和手的触摸，以及与对照品种的比较，评价黄秋葵植株叶柄表面毛刺状况。

根据观察结果，确定每份种质的叶柄表面。

1　光滑

2　少毛

3　多毛

5.5.32　叶柄长度

开花期，以3.5.28中采集的所有黄秋葵植株为观测对象，测量每株黄秋葵生长点以下倒数第五片、第八片和第十片完全展开叶的叶柄长度。单位为cm，精确到0.1cm。

5.5.33　叶柄粗度

开花期，以3.5.28中采集的所有黄秋葵植株为观测对象，测量每株黄秋葵生长点以下倒数第五片、第八片和第十片完全展开叶的叶柄粗度。单位为cm，精确到0.1cm。

5.5.34　腋芽

开花期，以试验小区全部黄秋葵植株为观测对象，目测植株中部茎节上腋芽的有无。

根据观察结果并参照腋芽模式图，确定每份种质的腋芽。

0　无

1　有

5.5.35　托叶大小

开花期，以试验小区全部黄秋葵植株为观测对象，目测托叶有无和大小。

根据观察结果并参照托叶大小模式图，确定每份种质的托叶有无和大小。

0　无

1　小

2　大

5.5.36　托叶形状

开花期，以试验小区全部黄秋葵植株为观测对象，目测托叶外部形状。

根据观察结果并参照托叶形状模式图，确定种质的托叶形状。

1　线形

2　叶形

5.5.37 托叶颜色

开花期，以试验小区全部黄秋葵植株为观测对象，在正常一致的光照条件下，目测或参考比色卡，按最大相似原则确定种质托叶的颜色。

根据观察结果，确定每份种质的托叶颜色。

1 绿

2 红

上述没有列出的其他托叶颜色，需要另外给予详细的描述和说明。

5.5.38 叶面叶脉色

开花期，以试验小区全部黄秋葵植株为观测对象，在正常一致的光照条件下，目测或参考比色卡，按最大相似原则确定种质叶面叶脉颜色。

1 白

2 绿

3 红

4 基部红，端部绿

上述没有列出的其他叶面叶脉颜色，需要另外给予详细的描述和说明。

5.5.39 叶背叶脉色

开花期，以试验小区全部黄秋葵植株为观测对象，在正常一致的光照条件下，目测或参考比色卡，按最大相似原则确定植株中部叶背叶脉颜色。

根据观察结果，确定每份种质叶背叶脉颜色。

1 白

2 绿

3 红

4 紫红

5 暗红

上述没有列出的其他叶背叶脉颜色，需要另外给予详细的描述和说明。

5.5.40 茎型

开花期，以试验小区全部黄秋葵植株为观测对象，目测茎秆弯直状况。

根据观察结果并参考茎型模式图，确定每份种质的茎型类型。

1 直

2 弯

5.5.41 茎表面

开花期，以试验小区全部植株为观测对象，通过手的触感，以及与对照品种的比较，评价黄秋葵植株茎杆表面毛刺的有无及多少。

根据观测结果，确定每份种质生物茎表面状况。

1 无毛

2　　少毛

3　　多毛

4　　有刺

5.5.42 苗期茎色

出苗后15d，以试验小区全部植株为观测对象，在正常一致的光照条件下，目测或参考比色卡，按最大相似原则确定种质苗期茎表面的颜色。

根据观测结果，确定每份种质的苗期茎色。

1　　绿

2　　微红

3　　淡红

4　　红

5　　紫

上述没有列出的其他苗期茎色，需要另外给予详细的描述和说明。

5.5.43 中期茎色

出苗后60d，以试验小区全部植株为观测对象，在正常一致的光照条件下，目测或参考比色卡，按最大相似原则确定种质中期茎表面的颜色。

根据观察结果，确定每份种质的中期茎色。

1　　绿

2　　微红

3　　淡红

4　　红

5　　紫

上述没有列出的其他中期茎色，需要另外给予详细的描述和说明。

5.5.44 后期茎色

开花后期，以试验小区全部植株为观测对象，在正常一致的光照条件下，目测或参考比色卡，按最大相似原则确定种质后期的茎表面的颜色。

根据观察结果，确定每份种质的后期茎色。

1　　绿

2　　深绿

3　　红

4　　紫红

上述没有列出的其他后期茎色，需要另外给予详细的描述和说明。

5.5.45 萼片色

盛花期，以20朵完全开放花（非破坏性的）为观测对象，在正常一致的光照条件下（晴天上午9：00~10：00观察），目测或参考比色卡，按最大相似原则确定种质萼片的颜色。

根据观察结果，确定每份种质的萼片色。

1　绿
2　淡红
3　红
4　紫

上述没有列出的其他萼片色，需要另外给予详细的描述和说明。

5.5.46　萼片表面

盛花期，以20朵完全开放花（非破坏性的）为观测对象，通过手的触感，以及与对照品种的比较，观察黄秋葵植株萼片表面。

根据观察结果，确定每份种质的萼片表面。

1　光滑
2　有毛
3　有刺

5.5.47　萼片形状

盛花期，以20朵完全开放花（非破坏性的）为观测对象，通过与对照品种的比较，观察黄秋葵植株萼片的形状。

根据观察结果并参照萼片形状模式图，确定每份种质的萼片形状。

1　线形
2　披针形
3　三角形

5.5.48　萼片存留

谢花后，以20朵完全开放花（非破坏性的）为观测对象，通过与对照品种的比较，观察种质萼片的存留情况。

根据观察结果，确定每份种质的萼片存留状况。

1　不存留
2　部分存留
3　存留

5.5.49　花萼数

盛花期，以20朵完全开放花（非破坏性的）为观测对象，计数黄秋葵植株花萼的数量。取平均值，单位为片，精确到1片。

5.5.50　苞片数

盛花期，以20朵完全开放花（非破坏性的）为观测对象，计数黄秋葵植株苞片的数量。取平均值，单位为片，精确到1片。

5.5.51 苞片端部

盛花期，以20朵完全开放花（非破坏性的）为观测对象，观察黄秋葵苞片端部形状。

根据观察结果并参照苞片端部形状模式图，确定每份种质苞片端部形状。

1 锐尖

2 钝尖

3 分叉

5.5.52 苞片颜色

盛花期，以20朵完全开放花（非破坏性的）为观测对象，目测或参考比色卡，按最大相似原则确定种质苞片的颜色。

根据观察结果，确定每份种质的苞片颜色。

1 黄绿

2 绿

3 红

4 紫红

5.5.53 苞片表面

盛花期，以20朵完全开放花（非破坏性的）为观测对象，通过目测和手的触感，以及与对照品种的比较，观察黄秋葵植株苞片表面。

根据观察结果，确定每份种质的苞片表面。

1 光滑

2 有毛

3 有刺

5.5.54 花冠着生方式

盛花期，以20朵完全开放花（非破坏性的）为观测对象，通过与对照品种的比较，观察黄秋葵植株花冠着生方式。

根据观察结果，确定每份种质的花冠着生方式。

1 直立

2 斜生

3 下垂

5.5.55 花冠大小

盛花期，以20朵完全开放花（非破坏性的）为观测对象，目测结合测量黄秋葵植株花冠完全张开后的大小。

根据观察结果，确定每份种质的花冠大小。

1 小（直径4cm以内，花瓣长3cm以内）

2 中（直径4~12cm，花瓣长3~11cm）

3 大（直径12cm以上，花瓣长11cm以上）

5.5.56　花瓣数

盛花期，以20朵完全开放花（非破坏性的）为观测对象，目测计数黄秋葵植株花瓣的数量。取平均值，单位为瓣，精确到1瓣。

5.5.57　花冠形状

盛花期，以20朵完全开放花（非破坏性的）为观测对象，目测黄秋葵植株花冠外部形状。

根据观察结果并参考花冠形状模式图，确定每份种质的花冠形状。

1　钟状

2　螺旋状

5.5.58　花瓣离合

盛花期，以20朵完全开放花（非破坏性的）为观测对象，目测黄秋葵植株花瓣裂片的离合状态。

根据观察结果并参考花瓣离合模式图，确定每份种质的花瓣离合。

1　叠生

2　分离

5.5.59　花冠色

盛花期，以20朵完全开放花（非破坏性的）为观测对象，在正常一致的光照条件下（晴天上午9：00～10：00观察），目测或参考比色卡，按最大相似原则确定种质花冠的颜色。

根据观察结果，确定每份种质的花冠色。

1　乳白

2　淡黄

3　黄

4　金黄

5　淡红

6　红

上述没有列出的其他花冠色，需要另外给予详细的描述和说明。

5.5.60　瓣脉色

盛花期，以20朵完全开放花（非破坏性的）为观测对象，在正常一致的光照条件下（晴天上午9：00～10：00观察），目测或参考比色卡，按最大相似原则确定种质花瓣脉的颜色。

根据观察结果，确定每份种质的瓣脉色。

1　白

2　黄

3　红

上述没有列出的其他瓣脉颜色，需要另外给予详细的描述和说明。

5.5.61 花喉色

盛花期，以20朵完全开放花（非破坏性的）为观测对象，在正常一致的光照条件下（晴天上午9：00～10：00观察），目测或参考比色卡，按最大相似原则确定种质花喉的颜色。

根据观察结果并参考花喉模式图，确定每份种质的花喉色。

1 淡黄
2 乳黄
3 黄
4 淡红
5 红
6 紫红
7 紫
8 紫黑

上述没有列出的其他花喉色，需要另外给予详细的描述和说明。

5.5.62 花喉色显现部位

盛花期，以20朵完全开放花（非破坏性的）为观测对象，观察花瓣基部的红色（花瓣斑点）即黄秋葵花喉色显现部位。

根据观察结果，确定每份种质花喉色显现的部位。

1 里面
2 两面

5.5.63 柱头色

盛花期，以20朵完全开放花（非破坏性的）为观测对象，在正常一致的光照条件下（晴天上午9：00～10：00观察），目测或参考比色卡，按最大相似原则确定种质花柱头的颜色。

根据观察结果，确定每份种质柱头的颜色。

1 红
2 紫

上述没有列出的其他柱头色，需要另外给予详细的描述和说明。

5.5.64 花柱类型

盛花期，以20朵完全开放花（非破坏性的）为观测对象，测量种质花柱长短的类型。

根据观测结果并参考花柱类型模式图，确定每份种质花柱的长短类型。

1 短（花柱长度短于花瓣1cm以内，明显藏于花冠内）
2 中（花柱长度短于或长于花瓣不到1cm）

3　　长（花柱长度长于花瓣1cm以上，明显外露）

5.5.65　花柱底色

盛花期，以20朵完全开放花（非破坏性的）为观测对象，在正常一致的光照条件下（晴天上午9：00～10：00观察），目测或参考比色卡，按最大相似原则确定种质花柱基底的颜色。

根据观察结果，确定每份种质花柱基底的颜色。

1　　淡黄

2　　淡红

3　　红

4　　紫红

5　　紫

上述没有列出的其他花柱底色，需要另外给予详细的描述和说明。

5.5.66　花梗类型

盛花期，以20朵完全开放花（非破坏性的）为观测对象，测量种质的花梗长度类型。

根据观测结果，确定每份种质花梗长度的类型。

1　　短（花梗长度≤1cm）

2　　中（1cm＜花梗长度≤3cm）

3　　长（花梗长度＞3cm）

5.5.67　始果节

始果期，从试验小区随机选取20株（非破坏性），记录每株出现第一个蒴果的节位，取平均值。单位为节，精确到1节。

5.5.68　蒴果大小

结果期，从试验小区随机选取20个成熟蒴果（非破坏性）为观测对象，测量黄秋葵蒴果的大小。

根据观察结果参考蒴果长度模式图，按下列标准，确定每份种质的蒴果类型。

1　　小（蒴果长度＜6m，蒴果宽度＜1 cm）

2　　中（6cm ≤蒴果长度＜15cm，1cm≤蒴果宽度＜2cm）

3　　大（15cm ≤蒴果长度，2cm≤蒴果宽度）

5.5.69　蒴果长度

结果期，从试验小区随机选取20个开花后5d，果皮新鲜、未变成褐色的蒴果（非破坏性）为观测对象，参考蒴果长度模式图，用软尺测量其蒴果的长度，取平均值。单位为cm，精确到0.1cm。

5.5.70 蒴果宽度

结果期，从试验小区随机选取20个开花后5d，果皮新鲜、未变成褐色的蒴果（非破坏性）为观测对象，参考蒴果宽度模式图，用软尺测量其蒴果的宽度，取平均值。单位为cm，精确到0.1cm。

5.5.71 果实弯曲度

结果期，从试验小区随机选取20个成熟蒴果（非破坏性）为样本，观察蒴果的纵向弯曲形状。根据观察结果并参照果实弯曲度模式图，确定种质果实的弯曲程度。

1 直
2 微弯
3 弯
4 末端弯（基部弯）
5 S形弯（双弯）

5.5.72 蒴果类型

结果期，从试验小区随机选取20个开花后5d，果皮新鲜、未变成褐色的蒴果（非破坏性）为观测对象，观察并确定蒴果的类型。

根据观察结果并参考蒴果类型模式图，确定每份种质的蒴果类型（图23）。

1 圆果
2 有棱圆果
3 棱果

5.5.73 果实色

结果期，从试验小区随机选取20个开花后5d，果皮新鲜、未变成褐色的蒴果（非破坏性）为观测对象，在正常一致的光照条件下（晴天上午9：00～10：00）观察，目测或参考比色卡，按最大相似原则确定种质蒴果表面的颜色。

根据观察结果，确定每份种质的果实颜色。

1 浅绿
2 黄绿
3 青绿
4 绿
5 深绿
6 粉红
7 红
8 粉紫
9 紫红

上述没有列出的其他果实色，需要另外给予详细的描述和说明。

5.5.74 果实表面

结果期，从试验小区随机选取 20 个开花后 5d，果皮新鲜的蒴果（非破坏性）为观测对象，通过目测和手的触感，以及与对照品种的比较，评价黄秋葵蒴果表面毛刺和密度。

根据观察结果，确定每份种质的果皮情况。

1　光滑
2　少毛
3　多毛
4　突起
5　轻微粗毛
6　多刺

5.5.75 果实光泽

结果期，从试验小区随机选取 20 个开花后 5d，果皮新鲜的蒴果（非破坏性）为观测对象，通过与对照品种的比较，观察黄秋葵蒴果表面有无光泽。

根据观察结果，确定每份种质的蒴果表面有无光泽。

0　无
1　略有
2　光亮

5.5.76 果顶形状

结果期，从试验小区随机选取 20 个开花后 5d，果皮新鲜的蒴果（非破坏性）为观测对象，通过与对照品种的比较，观察黄秋葵果实顶部的形状。

根据观察结果并参考果顶形状模式图，确定每份种质的果顶形状（图 24）。

1　尖
2　长尖
3　长渐尖
4　钝尖
5　瓶颈状
6　圆

5.5.77 果实基部收缩强度

结果期，从试验小区随机选取 20 个开花后 5d，果皮新鲜的蒴果（非破坏性）为观测对象，通过与对照品种的比较，观察黄秋葵果实基部收缩的情况。

根据观察结果并参考果实基部收缩模式图，确定每份种质果实基部收缩强度。

1　无
2　弱
3　强

5.5.78 果实棱数

结果期，从试验小区随机选取20个开花后5d，果皮新鲜的蒴果（非破坏性）为观测对象，观测黄秋葵果实的棱数，取平均值。单位为棱，精确到0.1棱。

5.5.79 果棱间表面

结果期，从试验小区随机选取20个开花后5d，果皮新鲜、未变成褐色的蒴果（非破坏性）为观测对象，观测蒴果果棱间表面的状态。

根据观察结果，参考果棱间表面模式图，确定每份种质果棱间的表面状态。

1　凹
2　平
3　凸

5.5.80 子房室数

结果期，从试验小区随机选取20个开花后5d，果皮新鲜、未变成褐色的蒴果（非破坏性）为观测对象，观测蒴果子房室的数目，取平均值。单位为室，精确到0.1室。

5.5.81 果柄表面

结果期，从试验小区随机选取20个开花后5d，果皮新鲜的蒴果（非破坏性）为观测对象，通过与对照品种的比较，观测黄秋葵果柄表面的状况。

根据观察结果，确定每份种质果柄表面的毛刺情况和密度。

0　无
1　稀疏粗毛
2　多刺

5.5.82 果柄色

结果期，从试验小区随机选取20个开花后5d，果皮新鲜、未变成褐色的蒴果（非破坏性）为观测对象，在正常一致的光照条件下（晴天上午9：00～10：00）观察，目测或参考比色卡，按最大相似原则确定种质果柄表面的颜色。

根据观察结果，确定每份种质的果柄颜色。

1　浅绿
2　黄绿
3　青绿
4　绿
5　深绿
6　粉红
7　红
8　粉紫

9　紫

上述没有列出的其他果柄色，需要另外给予详细的描述和说明。

5.5.83　果柄长

结果期，从试验小区随机选取20个开花后5d，果皮新鲜、未变成褐色的蒴果（非破坏性）为观测对象，测量果柄的长度，取平均值。以cm为单位，精确到0.1cm。

5.5.84　果柄粗

结果期，从试验小区随机选取20个开花后5d，果皮新鲜、未变成褐色的蒴果（非破坏性）为观测对象，测量果柄的粗度，取平均值。以cm为单位，精确到0.1cm。

5.5.85　果实封闭性

果实成熟期，从试验小区随机选取20个成熟的蒴果（非破坏性），观察黄秋葵完全成熟蒴果心皮间是否处于完全闭合或开裂状态。

根据观察结果并参考果实封闭性模式图，确定每份种质成熟蒴果心皮间的状态。

1　闭合

2　稍开裂

3　开裂

5.5.86　单株间形态

黄秋葵植株生长发育期，种质群体内单株间的形态一致性。

1　一致（大多数性状基本一致）

2　连续变异（主要数量性状上存在显著差异，而且其差异呈连续性，不容易清楚地区分）

3　非连续变异（主要质量性状上差异较大，而且能明显区分开来）

5.5.87　果姿

采收期，以试验小区的植株为观测对象，采用目测法和量角器测量相结合的方法，测量自然成熟的蒴果纵轴与其着生茎纵轴之间的上方夹角。

根据观测结果并参考果实在主茎上状态模式图，确定果实在主茎上的姿态。

1　直立（蒴果纵轴与其着生茎纵轴之间的上方夹角<30°）

2　微斜（30°≤蒴果纵轴与其着生茎纵轴之间的上方夹角<45°）

3　斜生（45°≤蒴果纵轴与其着生茎纵轴之间的上方夹角<90°）

4　水平（蒴果纵轴与其着生茎纵轴之间的上方夹角≥90°）

5.5.88　单株果数

采收期，从试验小区随机选取10株（非破坏性）为观测对象，采用目测法计数每株上所有的果数，取平均值。单位为个，精确到1个。

5.5.89　单果重

采收期，从试验小区随机选取10个位于植株中部、开花后5d、果皮新鲜的蒴果（非破坏性）为观测对象，去掉果柄，用1/100的电子称称量，取平均值。单位为g，精确到0.1g。

5.5.90　单株产量

采收期，从试验小区随机选取10株（非破坏性）为观测对象，分批采摘植株上开花后5d、果皮新鲜的蒴果，分别用1/100的电子称称量，取平均值。单位为kg，精确到0.1kg。

5.5.91　单果种子数

果实成熟期，从试验小区随机选取20个蒴果（非破坏性）为观测对象，计算黄秋葵每个蒴果的种子数，取平均值。单位为粒，精确到0.1粒。

5.5.92　种皮颜色

在正常一致的光照条件下观察，目测或参考比色卡，按最大相似原则确定种质正常成熟种子的表皮颜色。

根据观测结果，确定每份种质的种皮颜色。

1　棕

2　棕黄

3　棕褐

4　灰褐

5　黄褐

6　青褐

7　赤褐

8　褐

9　黑褐

种子应为当年收获，不采用任何机械或药物处理。

上述没有列出的其他种皮颜色，需要另外给予详细的描述和说明。

5.5.93　种皮表面

采用目测和手的触感相结合的方法，通过与对照品种的比较，评价正常成熟的黄秋葵种子表皮状况。

根据观测结果，确定每份种质成熟籽粒表面的状况。

1　平滑

2　凹坑

3　皱褶

种子应为当年收获，不采用任何机械或药物处理。

5.5.94 种子形状

目测正常成熟的黄秋葵种子外表形状。

根据观察结果并参考种子形状模式图，确定每份种质的种子形状。

1　圆形

2　扁圆形

3　肾形

4　亚肾形

种子应为当年收获，不采用任何机械或药物处理。

5.5.95 种子千粒重

以风干后的成熟干籽粒为观测对象，从正常成熟，并清选的黄秋葵种子中，随机选取4个样本，样本大小100粒，用1/1000的电子天平称重，取平均值。单位为g，精确到0.01g。

计算公式为：

$$G = \frac{\sum W}{N} \times 10$$

式中：G——种子千粒重

W——每重复的重量

N——重复数

种子应为当年收获，不采用任何机械或药物处理。种子含水量应控制在12%以下。

5.6 品质特性

5.6.1 畸形果率

植株上畸形果数占总果数的百分数，单位为%，精确到0.1%。

5.6.2 果实整齐度

选取植株不同部位发育正常的商品果10个，采用目测法观察每个果实大小和形状的整齐度，以多数出现的情况为准。

根据观察结果及下列说明，确定种质的果实整齐度。

1　整齐（大小和形状整齐）

2　中等（大小和形状较整齐）

3　不整齐（大小和形状差异明显）

5.6.3 果肉厚度

选取植株不同部位发育正常的商品果10个，沿果肩中部纵切，测量果实纵切面最厚处果肉的厚度，取平均值。单位为 mm，精确到 0. 1mm。

5. 6. 4 耐贮藏性

商品果在一定贮藏条件下和一定的期限内保持新鲜状态且与原有品质不发生明显劣质的特性，即耐贮藏的能力，可分为：

3 强：腐烂指数 <30

5 中：30≤腐烂指数 <60

7 弱：腐烂指数≥60

5. 6. 5 维生素 C 含量

按照 GB/T—6195 水果、蔬菜维生素 C 含量测定法（2，6-二氯靛酚滴定）进行黄秋葵商品果维生素 C 含量的测定。单位为 10^{-2}mg/g，精确到 0. 01 10^{-2}mg/g。

5. 6. 6 多糖含量

采用水提醇沉法测定黄秋葵果实中多糖的含量。以% 表示，精确到 0. 01% 。

测定方法：

称取 20g 的黄秋葵样品粉末，加入 600ml 的蒸馏水，90℃热水浸提 3h，重复浸提 3 次，合并滤液，旋蒸至 1/5 体积，在 85% 乙醇溶液中沉淀得到黄秋葵粗多糖样品。称取样品粉末 0. 1g，按粗多糖的提取工艺进行浸提、过滤，并定容至 100ml，进行稳定性、精密度和加样回收率实验。精确量取 1. 0ml 上述样品液，按照苯酚 - 硫酸法测定多糖含量。在显色反应后的连续 2h 内，每隔 20min 测一次吸光度，判断显色反应的稳定性；移取 6 份上述中已定容的样品液，按照苯酚 - 硫酸法进行显示、测定吸光度 A，比较 6 次试验的 RSD 值，判断方法的精密度；量取上述已定容中已定容的样品液 6 份各 0. 5ml，并分别加入葡萄糖标准溶液（0. 1mg/ml）0. 1ml，加蒸馏水 0. 4ml，按照苯酚 - 硫酸法进行显示、测定吸光度 A。黄秋葵多糖精制工艺主要流程经过由黄秋葵粗多糖经过 脱蛋白、萃取分离、活性炭脱色、层析柱分离纯化步骤精制多糖。采用苯酚 - 浓硫酸法进行多糖含量测定。

黄秋葵多糖计算公式为：

$$W = F \cdot C \cdot V$$

式中，W——多糖质量，mg；

F——换算因子；

C——精制多糖中葡萄糖的质量浓度，mg/ml

V——多糖的稀释倍数。

5. 6. 7 膳食纤维含量

按照 GB/T 5009. 88—2008 食品中膳食纤维的测定 - 酶 - 重量法，进行黄秋葵果实膳食纤维含量的测定。以% 表示，精确到 0. 01% 。

5.6.8 木质素含量——氧化还原滴定法进行含量测定。

将黄秋葵烘干粉碎后过200目筛，称取0.05～0.10g装入离心管中，加入质量分数为1%的醋酸10ml，摇匀后离心。其沉淀用质量分数为1%醋酸5ml洗涤1次，然后加3～4ml乙醇和乙醚混合液（体积比1∶1），浸泡3min，弃去上清夜，共浸洗3次，将沉淀在沸水浴中蒸干，然后向沉淀中加入72%的硫酸3ml，用玻璃棒搅匀，室温下静置16h，使纤维素全部溶解，然后向试管中加入10ml蒸馏水，用玻璃棒搅匀，置沸水浴中5min，冷却，加5ml的蒸馏水和0.5ml质量分数10%的氯化钡溶液，摇匀，离心。沉淀后用蒸馏水冲洗2次，再向洗过的木质素沉淀中加入10ml质量分数10%的硫酸和10ml 0.025mol/L重铬酸钾溶液，将试管放于沸水浴中15min，搅拌。冷却后，将试管中所有的物质转入烧杯中作滴定用，用15～20ml蒸馏水洗涤残余部分。然后向烧杯中加5ml 20%的KI溶液和1 ml质量分数1%的淀粉溶液，用硫代硫酸钠滴定定至蓝色消失，显示亮绿色，即达到终点。同时做试剂空白实验。以%表示，精确到0.01%。

空白试验：

在试管中加入10ml质量分数10%的硫酸和10ml 0.025mol/L重铬酸钾溶液，讲试管放于沸水中浴中15min，搅拌。冷却后，将试管中所有的物质转入三角瓶中作滴定用，用15～20ml蒸馏水洗涤残余部分。然后向烧杯中加5ml 20%的KI溶液和1ml质量分数1%的淀粉溶液，用硫代硫酸钠滴定至蓝色消失，显示亮绿色，即达到终点。

木质素含量计算公式：

$$X = \frac{K(a-b)}{n \times 48}$$

式中：K——硫代硫酸钠的浓度，mol/L；

a——空白滴定所消耗硫代硫酸钠的体积，ml；

b——溶液所消耗硫代硫酸钠的体积，ml；

n——所取黄秋葵的质量，g；

48为1mol $C_6H_{10}O_5$ 相当于硫代硫酸钠（一定浓度）的滴定度。

5.6.9 果胶含量

采用果胶钙法测定黄秋葵果实中果胶含量。以%表示，精确到0.01%。

测定方法：

取适量的黄秋葵果实研碎，准确称取5～10g，放入250ml的烧杯中，加水150ml，加热煮沸1h；冷却，移入250ml的容量瓶中加水定容，摇匀，抽滤，吸取25ml滤液于500ml的烧杯中，加入0.1mol/L氢氧化钠100ml，放置半小时，再加入50ml 1mol/L醋酸溶液，5min后加入50ml 2mol/L的氯化钙溶液，放置1h，加热沸腾5min后，用恒重的滤纸过滤，热水洗涤至滤液无氯离子，然后把带滤渣的滤纸放在烘干恒重的称量瓶中，于105℃烘至恒重。

结果计算：

$$PTr = \frac{W_1}{W_2} \times p \times 100$$

式中：PTr——果胶含量,%

W_1——烘干至恒重的果胶钙的重量，g

W_2——样品重量，g

p——果胶酸钙与果胶的换算系数 =0.9235

5.7 抗逆性

5.7.1 耐旱性

黄秋葵植株耐旱，在苗期和生长前期，因为植株弱小，田间发生干旱时，植株会表现出明显受害症状。黄秋葵耐旱性鉴定可以选择在苗期或生长前期进行。

用农田土作基质，加入适量 N、P、K 复合肥，盆栽试验。每份种质设 3 次重复（盆），每重复 15 株。设抗旱性最强和最弱的 2 个品种为对照。5 片真叶前正常管理，保持土壤湿润。5 片真叶后使用称重法控制水分，设轻度、中度、重度（土壤相对含水量分别为 30% ~35%、25% ~30%、20% ~25%）三个梯度，进行水分胁迫处理，重复三次，以正常供水为对照。土壤干旱胁迫持续 10d 后恢复正常田间管理。10d 后调查每份种质的恢复情况，恢复级别根据植株的受害症状定为 3 级。

级别	恢复情况
1	叶片凋萎最少，或恢复最快
2	介于 1 与 3 之间
3	叶片凋萎最多，或恢复最慢

根据恢复级别计算恢复指数，计算公式为：

$$RI = \frac{\sum (X_i \times n_i)}{3N} \times 100$$

式中：RI——恢复指数

X_i——各级旱害级值

n_i——各级旱害株数

N——调查总株数

耐旱性鉴定结果的统计分析和校验参照 3.4。

耐旱性根据苗期恢复指数分为 3 级。

3　强（$RI<20$）

5　中（$20 \leqslant RI < 60$）

7　弱（$RI \geqslant 60$）

5.7.2　耐涝性

黄秋葵植株不耐涝，在苗期和生长前期，由于苗弱小，田间过湿或淹水时间过长，尤其在低温阴雨天气下，幼苗容易烂苗，甚至死亡。黄秋葵耐涝性鉴定一般在苗期或生长前期进行。

选择保水性较好的水稻田作实验用地，除每份种质种植 2 行外，田间设计同 5.3.1.2，每重复保证 40 株苗。设耐涝性强、中、弱三品种为对照。在植株 5 片叶前正常育苗管理。5 片叶后灌水，保持田间水层高出土面 2～3cm，持续 10d 后恢复正常田间管理。10d 后用目测的方法调查所有供试种质的受淹情况，恢复级别根据植株的恢复和死亡状况分为 5 级。

级别	恢复情况
0 级	完全叶基本恢复，或仅叶片尖部稍枯萎，植株生长正常
1 级	无枯死叶，枯萎叶片不超过 3 片
2 级	植株基本恢复生长，枯死叶不超过 2 片
3 级	完全叶枯死 3～4 片，有新叶长出
4 级	植株基本死亡

根据恢复级别计算恢复指数，计算公式为：

$$RI = \frac{\sum (X_i \times n_i)}{4N} \times 100$$

式中：RI——恢复指数

X_i——各级涝害级值

n_i——各级涝害株数

N——调查总株数

耐涝性鉴定结果的统计分析和校验参照 3.4。

耐涝性根据苗期恢复指数分为 3 级。

3　强（$RI < 20$）

5　中（$20 \leqslant RI < 60$）

7　弱（$RI \geqslant 60$）

5.7.3　耐寒性

黄秋葵性喜温暖，耐热怕寒。生长适宜温度为 25～30℃。不同生育时期对温度的要求有所差别。苗期耐寒性较弱，若处于 10℃ 以下的时间较长，会停止生长，甚至烂根死亡。黄秋葵耐寒性鉴定可以选择在苗期或生长前期进行。

耐寒性鉴定方法采用人工模拟气候鉴定法，具体方法如下：

将不同种质的种子在温室里播种，每份种质20株，3次重复。2片真叶后移至光照培养箱内进行处理，白天（12.0±0.5）℃，光照30μmol/m²·s，夜间（5.0±0.5）℃。在温室播种耐寒性强、中、弱的对照品种，白天平均25.0℃，光照3 000μmol/m²·s；夜间平均20.0℃。处理7d后，用目测的方法观察幼苗受冷害症状，冷害级别根据冷害症状分为5级。

级别	恢复情况
0	无冷害现象发生
1	叶片稍有萎蔫
2	叶片失水较为严重
3	叶片严重萎蔫
4	整株萎蔫死亡

根据冷害级别计算冷害指数，计算公式为：

$$RI = \frac{\sum(x_i \times n_i)}{4N} \times 100$$

式中：RI——冷害指数

x_i——各级冷害级值

n_i——各级冷害株数

N——调查总株数

耐寒性鉴定结果的统计分析和校验参照3.4.

耐寒性根据苗期恢复指数分为3级。

3　强（RI<20）

5　中（20≤RI<60）

7　弱（RI≥60）

5.7.4 耐盐碱性

黄秋葵耐盐碱能力不同种质间差别较大。采用$MgSO_4$进行耐盐筛选，Na_2CO_3+$NaHCO_3$（质量比1∶3）进行耐碱筛选。在苗期和生长前期，植株弱小，受盐碱危害会表现出明显受损害症状。黄秋葵耐盐碱鉴定一般在苗期进行。

用农田土作为基质，加入适量N、P、K复合肥，盆栽试验。每份种质设3次重复，每个重复15株苗。加入适量的$MgSO_4$和Na_2CO_3+$NaHCO_3$（质量比1∶3），使土壤盐分含量达到0.4%左右。设对照，以抗盐碱性最强和最弱的2个为对照品种。3片真叶期调查植株受害情况，记录受害级别。

级别	恢复情况
1	幼苗生长正常，健壮，子叶绿色，肥壮，主根白色，须根多而发达

2　幼苗生长受抑制，子叶窄小，叶片紫红色，幼苗较瘦，全茎紫红色，主根粗短，须根向土表横向生长，较少，幼根呈凹陷斑

3　幼苗萎缩或死亡，子叶萎缩脱离，全茎紫红色，茎老化，部分开始萎缩，主根萎缩，或主根、须根全部枯萎死亡

根据受害级别计算盐害指数，计算公式为：

$$RI = \frac{\sum (X_i \times N_i)}{3N} \times 100$$

式中：RI——盐害指数

X_i——各级盐害株数

N——调查总株数

耐盐碱性鉴定结果的统计分析和校验参照 3.4。

耐盐碱性根据苗期盐害指数分为 3 级。

3　强（$RI<30$）

5　中（$30 \leq RI<60$）

7　弱（$RI \geq 60$）

5.7.5　抗倒性

黄秋葵株高 1～2m，高的达 3～4m，叶片繁茂，遇到风害时容易擦伤，进而倒伏或者折断，从而影响黄秋葵的产量和品质。黄秋葵的抗倒性鉴定一般在生长的中后期进行。

在风害比较严重的地区，当发生风害 2～4d 后，黄秋葵植株出现明显的擦伤、倒伏和折断，以试验小区的全部黄秋葵植株为观测对象，目测调查黄秋葵植株的受害情况。

根据受害程度及下列说明，确定种质的抗倒性。

1　极强（无擦伤，不倒伏，折断株率 $<3\%$）

3　强（轻度擦伤，倒伏 $<15°$，$3\% \leq$ 折断株率 $<5\%$）

5　中（中度擦伤，$15° \leq$ 倒伏 $<45°$，$5\% \leq$ 折断株率 $<10\%$）

7　弱（重度擦伤，$45° \leq$ 倒伏 $<60°$，$10\% \leq$ 折断株率 $<30\%$）

9　极弱（严重擦伤，$60° \leq$ 倒伏 $<90°$，$30\% \leq$ 折断株率）

5.8　抗病虫性

5.8.1　根结线虫病（Meloidogyne spp.）抗性

黄秋葵根结线虫病的抗性鉴定在连作黄秋葵 3 年以上、根结线虫病严重的地块种植诱致发病鉴定，收获后调查根系上根结的多少和统计发病率。

田间试验设计

除每份种质每个重复播种 2 行外，其余参照 3. 1. 2 试验设计。每 20 个种质材料设置 2 个对照品种，1 个为抗病品种，1 个为感病品种。

病情调查与分级标准

黄秋葵植株收获后 7 ~ 10d，以试验小区全部植株为观察对象，挖出植株，逐株目测，调查根部发病情况和受害程度。

病情的分级标准如下：

0　　无根结；

1　　仅有少量根结；

2　　根结明显，根结百分率小于 25%；

3　　根结百分率小于 25% ~50%；

4　　根结百分率小于 50% ~75%；

5　　根结百分率小于 75% 以上。

根据病级计算根瘤指数（GI），公式为：

$$GI = \frac{\sum (S_i \times N_i)}{5N} \times 100$$

式中：GI——根瘤指数

S_i——发病级别

N_i——相应发病级别的株数

N——调查总株数

抗性鉴定结果的统计分析和校验参照 5. 3. 4。

根据病情指数，将黄秋葵种质对根结线虫病的抗性划分为 4 级。

1　　高抗（HR）（$GI < 25$）

3　　中抗（MR）（$25 \leq GI < 50$）

5　　中感（MS）（$50 \leq GI < 75$）

7　　高感（HS）（$GI \geq 75$）

必要时，计算相对根瘤指数，用以比较不同批次试验材料的抗病性。

5. 8. 2　白粉病（Oidium sp.）抗性

黄秋葵对白粉病的抗性鉴定采用现蕾至开花期人工接种鉴定法。

鉴定材料准备：

在温室或大棚中，将每份种质播种 2 行，3 次重复，顺序排列，每隔 20 个种质材料设置抗病、感病的对照品种各 1 个。在种植鉴定材料的同时，在隔离区内种植足够面积的高感品种，供繁殖菌种用。

供试白粉病菌株及接种液准备：

于进行鉴定的前一年，黄秋葵田间白粉病发病期间采集病菌闭囊壳。在冰箱内2~5℃条件下保存，于接种鉴定前10~20d取出保存的样本，刮取部分闭囊壳在垫有湿润滤纸的培养皿内保湿培养3~4d，待子囊孢子成熟时，用附有闭囊壳的滤纸在供繁殖菌种的高感品种的植株上摩擦接种，温度控制在20~25℃，相对湿度控制在80%~90%。

当白粉病发病达到高峰时，采取新鲜的粉末状白粉病斑病叶，用干净毛刷扫入无菌蒸馏水中，高速搅拌3~5min，再滴加Tween-80（使之浓度为0.1%），搅拌均匀即得孢子悬浮液。用血球计数板计数分生孢子数。接种浓度为10^5个/ml孢子。从菌液制备到接种完成应限制于2h内。

接种方法：

于黄秋葵现蕾至开花期接种，接种采用喷雾接种法。用小型手持喷雾器将上述接种液均匀地喷于黄秋葵植株上。接种后温度控制在20~25℃，相对湿度控制在80%~90%。

于接种后15d调查发病情况，并记录黄秋葵植株得病率及病级。

病级的分级标准如下：

病级	病情
0	无病症
1	黄秋葵植株有1/3以下的叶片发病，白粉模糊不清
2	黄秋葵植株有1/3~2/3的叶片发病，白粉较为明显
3	黄秋葵植株有2/3以上的叶片发病，白粉层较厚、连片
4	白粉层浓厚，叶片开始变黄、坏死
5	有2/3以上的叶片变黄、坏死

根据病级计算病情指数，公式为：

$$DI = \frac{\sum (S_i \times N_i)}{5N} \times 100$$

式中：DI——病情指数

S_i——发病级别

N_i——相应发病级别的株数

N——调查总株数

抗性鉴定结果的统计分析和校验参照3.3。

种质群体对白粉病的抗性依病情指数分5级。

1　高抗（HR）（$DI<20$）

3　抗病（R）（$20 \leq DI<40$）

5　中抗（MR）（$40 \leq DI<60$）

7 感病（S）（$60 \leq DI < 80$）

9 高感（HS）（$DI \geq 80$）

必要时，计算相对病情指数，用以比较不同批次试验材料的抗病性。

5.9 其他特性

5.9.1 日长反应特性

试验设计

用大田土作为基质，加入适量N、P、K复合肥，盆栽试验。每份种质设4次重复（盆），每重复10株。播种期为4月15—25日。

试验处理

采用标准的密光通气暗室进行短日照生长诱导处理。每份种质中，3盆进行3种不同日光照长度的处理，另1盆为对照，在自然光照条件下生长。

处理1：8h/d （处理时间：8：30—16：30）

处理2：9.5h/d （处理时间：8：30—18：00）

处理3：11h/d （处理时间：7：30—18：30）

处理开始时间是当幼苗进入3片真叶期，累计处理天数40d左右。

数据采集与处理

以全部试验黄秋葵植株为观测对象，调查每株黄秋葵现蕾日数（肉眼可见，大小2mm）。单位为d。

分别计算3种处理和对照的现蕾日数。单位为d，精确到0.1d。

求出处理和对照现蕾日数之差值，确定每份种质的光反应特性。

1 敏感（差值≥15.0）

2 中等（5.0≤差值<15.0）

3 钝感（差值<5.0）

5.9.2 核型

采用细胞遗传学方法（F－BSG法）对染色体的数目、大小、形态和结构进行鉴定。以核型公式表示，如2n＝36＝28M＋8SM（sat）。

5.9.3 用途

通过民间调查、市场调查和文献调查相结合，了解相应种质的利用价值和具体用途。栽培黄秋葵按用途可以分七种类型。

1 蔬菜

2 加工

3 观赏

4 种子

5　饲料
6　油用
7　其他

5.9.4　指纹图谱与分子标记

对进行过指纹图谱分析和重要性状分子标记的黄秋葵种质，记录分子标记的方法，并注明所用引物、特征带的分子大小或序列以及分子标记的性状和连锁距离，绘制各品种的分子身份证。

5.9.5　备注

黄秋葵种质特殊描述符或特殊代码的具体说明。

6 黄秋葵种质资源数据采集表

<table>
<tr><th colspan="6">1 基本信息</th></tr>
<tr><td>全国统一编号（1）</td><td colspan="2"></td><td colspan="2">种质库编号（2）</td><td></td></tr>
<tr><td>引种号（3）</td><td colspan="2"></td><td colspan="2">采集号（4）</td><td></td></tr>
<tr><td>种质名称（5）</td><td colspan="2"></td><td colspan="2">种质外文名（6）</td><td></td></tr>
<tr><td>科名（7）</td><td colspan="2"></td><td colspan="2">属名（8）</td><td></td></tr>
<tr><td>学名（9）</td><td colspan="2"></td><td colspan="2">原产国（10）</td><td></td></tr>
<tr><td>原产省（11）</td><td colspan="2"></td><td colspan="2">原产地（12）</td><td></td></tr>
<tr><td>海拔（13）</td><td colspan="2"></td><td colspan="2">经度（14）</td><td></td></tr>
<tr><td>纬度（15）</td><td colspan="2"></td><td colspan="2">来源地（16）</td><td></td></tr>
<tr><td>保存单位（17）</td><td colspan="2"></td><td colspan="2">保存单位编号（18）</td><td></td></tr>
<tr><td>系谱（19）</td><td colspan="2"></td><td colspan="2">选育单位（20）</td><td></td></tr>
<tr><td>育成年份（21）</td><td colspan="2"></td><td colspan="2">选育方法（22）</td><td></td></tr>
<tr><td>种质类型（23）</td><td colspan="5">1：野生资源　2：地方品种　3：选育品种　4：品系　5：遗传材料
6：其他</td></tr>
<tr><td>图像（24）</td><td colspan="2"></td><td colspan="2">观测地点（25）</td><td></td></tr>
<tr><th colspan="6">2 形态特征和生物学特性</th></tr>
<tr><td>播种期（26）</td><td></td><td>出苗期（27）</td><td></td><td>现蕾期（28）</td><td></td></tr>
<tr><td>开花期（29）</td><td></td><td>结果期（30）</td><td></td><td>始收期（31）</td><td></td></tr>
<tr><td>末收期（32）</td><td></td><td>种子成熟期（33）</td><td></td><td colspan="2"></td></tr>
<tr><td>熟期类型（34）</td><td colspan="5">1：特早熟　2：早熟　3：中熟　4：晚熟　5：极晚熟</td></tr>
<tr><td>子叶形状（35）</td><td colspan="2">1：卵圆形　2：椭圆形
3：长椭圆形</td><td>子叶色（36）</td><td colspan="2">1：浅绿　2：黄绿　3：
绿　4：深绿　5：红</td></tr>
<tr><td>子叶姿态（37）</td><td colspan="2">1：平展　2：上冲</td><td>下胚轴色(38)</td><td colspan="2">1：绿　2：红</td></tr>
<tr><td>株型（39）</td><td colspan="2">1：直立　2：半直立
3：匍匐</td><td>株高（40）</td><td colspan="2">cm</td></tr>
<tr><td>茎粗（41）</td><td colspan="2">cm</td><td>分枝习性（42）</td><td colspan="2">0：无　1：弱
2：中　3：强</td></tr>
</table>

（续表）

第一分枝节位（43）	节	分枝数（44）	个
主茎节数（45）	节	节间长度（46）	cm
叶姿（47）	1：直立 2：水平 3：下垂	叶裂深浅（48）	1：全叶 2：浅裂 3：深裂 4：全裂
叶色（49）	1：浅绿 2：黄绿 3：绿 4：深绿 5：红		
叶毛（50）	0：无 1：稀少 2：中等 3：浓密		
叶刺（51）	0：无 1：有	叶片长度(52)	cm
叶片宽度（53）	cm		
叶缘锯齿大小（54）	1：小 2：中 3：大	叶柄色（55）	1：浅绿 2：绿 3：深绿 4：淡红 5：红 6：紫
叶柄表面（56）	1：光滑 2：少毛 3：多毛	叶柄长度（57）	cm
叶柄粗度（58）	cm	腋芽（59）	0：无 1：有
托叶大小（60）	0：无 1：小 2：大	托叶形状（61）	1：线形 2：叶形
托叶颜色（62）	1：绿 2：红	叶面叶脉色（63）	1：白 2：绿 3：红 4：基部红，端部绿
叶背叶脉色（64）	1：白 2：绿 3：鲜红 4：紫红 5：暗红		
茎型（65）	1：直 2：弯	茎表面（66）	1：无毛 2：少毛 3：多毛 4：有刺
苗期茎色（67）	1：绿 2：微红 3：淡红 4：红 5：紫	中期茎色（68）	1：绿 2：微红 3：淡红 4：红 5：紫
后期茎色（69）	1：绿 2：深绿 3：红 4：紫红		
萼片色（70）	1：绿 2：淡红 3：红 4：紫	萼片表面（71）	1：光滑 2：有毛 3：有刺
萼片形状（72）	1：线形 2：披针形 3：三角形	萼片存留（73）	1：不存留 2：部分存留 3：存留
花萼数（74）	片	苞片数（75）	片
苞片端部（76）	1：锐尖 2：钝尖 3：分叉	苞片颜色（77）	1：黄绿 2：绿 3：红 4：紫红
苞片表面（78）	1：光滑 2：有毛 3：有刺	花冠着生方式(79)	1：直立 2：斜生 3：下垂
花冠大小（80）	1：小 2：中 3：大	花瓣数（81）	瓣

（续表）

花冠形状（82）	1：钟状　2：螺旋状	花瓣离合（83）	1：叠生　2：分离		
花冠色（84）	1：乳白　2：淡黄　3：黄 4：金黄　5：淡红　6：红	瓣脉色（85）	1：白　2：黄 3：红		
花喉色（86）	1：淡黄　2：乳黄　3：黄　4：淡红　5：红　6：紫红　7：紫 8：紫黑				
花喉色显现部位（87）	1：里面　2：两面	柱头色（88）	1：红　2：紫		
花柱类型（89）	1：短　2：中　3：长	花柱底色(90)	1：淡黄　2：淡红 3：红　4：紫红　5：紫		
花梗类型（91）	1：短　2：中　3：长	始果节（92）	节		
蒴果大小（93）	1：小　2：中　3：大	蒴果长度（94）	cm		
蒴果宽度（95）	cm	果实弯曲度(96)	1：直　2：微弯　3：弯 4：末端弯　5：S 形弯		
蒴果类型（97）	1：圆果　2：有棱圆果　3：棱果				
果实色（98）	1：浅绿　2：黄绿　3：青绿　4：绿　5：深绿　6：粉红　7：红 8：粉紫　9：紫红				
果实表面（99）	1：光滑　2：少毛　3：多毛　4：突起　5：轻微粗毛　6：多刺				
果实光泽（100）	0：无　2：略有　3：光亮				
果顶形状（101）	1：尖　2：长尖　3：长渐尖　4：钝尖　5：瓶颈状　6：圆				
果实基部收缩强度（102）	1：无　2：弱　3：强	果实棱数（103）	棱		
果棱间表面（104）	1：凹　2：平　3：凸	子房室数（105）	室		
果柄表面（106）	0：无　1：稀疏粗毛　2：多刺				
果柄色（107）	1：浅绿　2：黄绿　3：青绿　4：绿　5：深绿　6：粉红　7：红 8：粉紫　9：紫				
果柄长（108）	cm	果柄粗（109）	cm		
果实封闭性（110）	1：闭合　2：稍开裂　3：开裂				
单株间形态（111）	1：一致　2：连续变异　3：非连续变异				
果姿（112）	1：直立　2：微斜　3：斜生　4：水平				
单株果数（113）	个	单果重（114）	g	单株产量（115）	kg
单果种子数（116）	粒	种皮颜色（117）	1：棕　2：棕黄　3：棕褐　4：灰褐 5：黄褐　6：青褐　7：赤褐 8：褐　9：黑褐		

（续表）

种皮表面（118）	1：平滑　2：凹坑　3：皱褶		
种子形状（119）	1：圆形　2：扁圆形　3：肾形　4：亚肾形		
种子千粒重（120）	g		
3　品质特性			
畸形果率（121）	%	果实整齐度（122）	1：整齐　2：中等 3：不整齐
果肉厚度（123）	mm	耐贮藏性（124）	3：强　5：中　7：弱
维生素C含量（125）	10^{-2}mg/g	多糖含量（126）	%
膳食纤维含量（127）	%	木质素含量（128）	%
果胶含量（129）	%		
4　抗逆性			
耐旱性（130）	3：强　5：中　7：弱		
耐涝性（131）	3：强　5：中　7：弱		
耐寒性（132）	3：强　5：中　7：弱		
耐盐碱性（133）	3：强　5：中　7：弱		
抗倒性（134）	1：极强　3：强　5：中　7：弱　9：极弱		
5　抗病性			
根结线虫病抗性（135）	1：高抗　3：中抗　5：中感　7：高感		
白粉病抗性（136）	1：高抗　3：抗病　5：中抗　7：感病　9：高感		
6　其他特征特性			
日长反应特性（137）	1：敏感　2：中等　3：钝感		
核型（138）			
用途（139）	1：蔬菜　2：加工　3：观赏　4：种子　5：饲料 6：油用　7：其他		
指纹图谱与分子标记（140）			
备注（141）			

填表人：　　　　　　　　　　　审核：　　　　　　　　　　　日期：

7 黄秋葵种质资源利用情况报告格式

7.1 种质利用情况

每年提供利用的种质类型、份数、份次、用户数等。

7.2 种质利用效果及效益

提供利用后育成的品种（系）、创新材料，以及其他研究利用、开发创收等产生的经济、社会和生态效益。

7.3 种质利用经验和存在的问题

组织管理、资源管理、资源研究和利用等。

8　黄秋葵种质资源利用情况登记表

<table>
<tr><td>种质名称</td><td colspan="5"></td></tr>
<tr><td>提供单位</td><td></td><td>提供日期</td><td></td><td>提供数量</td><td></td></tr>
<tr><td>提供种质
类　　型</td><td colspan="5">地方品种□　育成品种□　高代品种□　国外引进品种□
野生种□　近缘植物□　遗传材料□　突变体□　其他□</td></tr>
<tr><td>提供种质
形　　态</td><td colspan="5">植株(苗)□　果实□　籽粒□　根□　茎(插条)□　叶□
芽□　花(粉)□　组织□　细胞□　DNA□　其他□</td></tr>
<tr><td>统一编号</td><td></td><td colspan="2">国家中期库编号</td><td colspan="2"></td></tr>
<tr><td>省级中期库
编号</td><td></td><td colspan="2">保存单位编号</td><td colspan="2"></td></tr>
<tr><td colspan="6">提供种质的优异性状及利用价值：</td></tr>
<tr><td>利用单位</td><td></td><td>利用时间</td><td colspan="3"></td></tr>
<tr><td>利用目的</td><td colspan="5"></td></tr>
<tr><td colspan="6">利用途径：</td></tr>
<tr><td colspan="6">取得实际利用效果：</td></tr>
</table>

种质利用单位盖章　　种质利用者签名：　　　　年　　月　　日

主要参考文献

曹亮，周佳民，朱校奇，等. 2012. 黄秋葵种质资源、引种栽培及功效成分研究进展［J］. 中南药学，10（9）：695－697.

曹毅. 2013. 秋葵耐热性比较研究［J］. 佛山科学技术学院学报（自然科学版），31（1）：7－11.

陈思远，赵文若，李银范，等. 2005. 三个黄秋葵品种开花结果生物学性状的调查［J］. 吉林蔬菜：40－43.

陈秀娣，李宁. 2002. 黄秋葵引种与栽培技术研究［J］. 上海农业科技（4）：75.

党选民. 2005. 特种蔬菜种质资源描述规范［M］. 北京：中国农业出版社.

范德友. 2012. 棉大卷叶螟在黄秋葵上的发生与防治［J］.（5）：42－43.

冯焱，汪卫星，刘利. 等. 2006. 黄秋葵和红秋葵的细胞学研究［J］. 西南园艺，34（1）：11－13.

洪建基，曾日秋，姚运法，等. 2015. 黄秋葵种质资源遗传多样性及相关性分析［J］. 中国农学通报，31（28）：79－84.

黄阿根，陈学好，高云中，等. 2007. 黄秋葵的成分测定与分析［J］. 食品科学，28（10）：451－455.

黄捷. 2008. 43 份黄秋葵种质资源遗传多样性的形态学标记及 ISSR 分析［D］. 海口：海南大学.

李爱民，张正海，魏盼盼. 2009. 黄秋葵的引种栽培［J］. 特种经济动植物（7）：4.

李春梅，曹毅. 2008. 不同播期对黄秋葵生长及发育的影响［J］. 长江蔬菜（5b）：31－32.

李敏. 1995. 不同采收长度对黄秋葵荚果品质的影响［J］. 莱阳农学院学报，12（1）：27－30.

练冬梅，姚运法，洪建基，等. 2016. 闽南地区黄秋葵主要病虫害防治技术［J］. 福建农业科技（1）：53－55.

刘东祥，叶花兰，刘国道. 2006. 黄秋葵的应用价值及栽培技术研究进展［J］. 安徽农业科学，34（15）：3 718－3 720，3 725.

任丹丹，陈谷. 2011. 响应面法优化黄秋葵多糖超声提取工艺［J］. 食品科学，32（8）：143－146.

粟建光，戴志刚，等. 2006. 大麻种质资源描述规范和数据标准［M］. 北京：中国农业出版社.

粟建光，戴志刚，等. 2006. 红麻种质资源描述规范和数据标准［M］. 北京：中国农业出版社.

粟建光，戴志刚，等. 2006. 青麻种质资源描述规范和数据标准［M］. 北京：中国农业出版社.

粟建光，龚友才，等. 2005. 黄麻种质资源描述规范和数据标准［M］. 北京：中国农业出版社.

王永慧，陈建平，张培通，等. 2015. 氮磷配施对沿海滩涂黄秋葵生长发育、产量及品质的影响［J］. 福建农业学报，30（5）：478－482.

韦吉. 2008. 黄秋葵不同种质抗旱性初步研究［D］. 海口：海南大学.

徐丽，高玲，刘迪发. 2015. 环境对6个黄秋葵栽培种加荚量的影响［J］. 中国农学通报，31（19）：74－79.

许如意，罗丰，袁廷庆，等. 2011. 不同采摘期对黄秋葵果实性状和品质的影响［J］. 长江蔬菜（01）：18－20.

许如意，肖日升，范荣，等. 2010. 三亚市黄秋葵品种引进比较试验［J］. 广东农业科学（11）：102－103.

曾日秋，洪建基，姚运法，等. 2015. 黄秋葵资源的植物学特征特性与生态适应性评价［J］. 热带作物学报，36（3）：523－529.

张绪元，黄捷，刘国道. 2009. 43份黄秋葵种质的ISSR分析［J］. 热带作物学报，30（3）：293－298.

赵文若，程哲，王志丽，等. 2005. 黄秋葵品种比较试验［J］. 吉林蔬菜（1）：40－41.

郑云云，郑黄楠，周红玲，等. 2016. 黄秋葵果荚中多糖的提取及其累积规律［J］. 福建农业学报，31（1）：27－30.

钟惠宏，郑向红，李振山. 1996. 黄秋葵的种及其资源的搜集研究和利用［J］. 中国蔬菜（2）：49－52.

Abdelmageed A. H. A. 2010. Inheritance studies of some economic characters in okra [*Abelmoschus esculentus* (L.) Moench] [J]. Trop. Sub－Trop. Agroecosyst, 12 (1): 619－627.

Ariyo O J. 1993. Genetic diversity in West African okra (*Abelmoschus caillei* A. Chev.) Stevels－Multivariate analysis of morphological and agronomiccharacteristics [J]. Genetic Resources and Crop Evolution, 40 (1): 25－32.

W. W. 2016. WMonitoring adventitious presence of transgenes in ex situ okra (*Abelmoschus esculentus* L.) collections conserved in genebank：a case study Genet Resour Crop Evol，63：175 - 184.

Oppong S D， Akromah R， Nyamah E Y et a1. 2012. Evaluation of some okra *Abelmoschus esculentus* L.) germplasm in Ghana [J]. African Journal of Ptant Science，6 (5)：166 - 178.

W. W. 2010. The Second Report on the State of the World's Plant Genetic Resources for Food and Agriculture [M]. Rome.

《农作物种质资源技术规范》丛书

分 册 目 录

1 总论

1-1 农作物种质资源基本描述规范和术语
1-2 农作物种质资源收集技术规程
1-3 农作物种质资源整理技术规程
1-4 农作物种质资源保存技术规程

2 粮食作物

2-1 水稻种质资源描述规范和数据标准
2-2 野生稻种质资源描述规范和数据标准
2-3 小麦种质资源描述规范和数据标准
2-4 小麦野生近缘植物种质资源描述规范和数据标准
2-5 玉米种质资源描述规范和数据标准
2-6 大豆种质资源描述规范和数据标准
2-7 大麦种质资源描述规范和数据标准
2-8 高粱种质资源描述规范和数据标准
2-9 谷子种质资源描述规范和数据标准
2-10 黍稷种质资源描述规范和数据标准
2-11 燕麦种质资源描述规范和数据标准
2-12 荞麦种质资源描述规范和数据标准
2-13 甘薯种质资源描述规范和数据标准
2-14 马铃薯种质资源描述规范和数据标准
2-15 籽粒苋种质资源描述规范和数据标准
2-16 小豆种质资源描述规范和数据标准

2－17　豌豆种质资源描述规范和数据标准
2－18　豇豆种质资源描述规范和数据标准
2－19　绿豆种质资源描述规范和数据标准
2－20　普通菜豆种质资源描述规范和数据标准
2－21　蚕豆种质资源描述规范和数据标准
2－22　饭豆种质资源描述规范和数据标准
2－23　木豆种质资源描述规范和数据标准
2－24　小扁豆种质资源描述规范和数据标准
2－25　鹰嘴豆种质资源描述规范和数据标准
2－26　羽扇豆种质资源描述规范和数据标准
2－27　山黧豆种质资源描述规范和数据标准
2－28　黑吉豆种质资源描述规范和数据标准

3　经济作物

3－1　棉花种质资源描述规范和数据标准
3－2　亚麻种质资源描述规范和数据标准
3－3　苎麻种质资源描述规范和数据标准
3－4　红麻种质资源描述规范和数据标准
3－5　黄麻种质资源描述规范和数据标准
3－6　大麻种质资源描述规范和数据标准
3－7　青麻种质资源描述规范和数据标准
3－8　油菜种质资源描述规范和数据标准
3－9　花生种质资源描述规范和数据标准
3－10　芝麻种质资源描述规范和数据标准
3－11　向日葵种质资源描述规范和数据标准
3－12　红花种质资源描述规范和数据标准
3－13　蓖麻种质资源描述规范和数据标准
3－14　苏子种质资源描述规范和数据标准
3－15　茶树种质资源描述规范和数据标准
3－16　桑树种质资源描述规范和数据标准
3－17　甘蔗种质资源描述规范和数据标准
3－18　甜菜种质资源描述规范和数据标准
3－19　烟草种质资源描述规范和数据标准
3－20　橡胶树种质资源描述规范和数据标准

4 蔬菜

4－1 萝卜种质资源描述规范和数据标准
4－2 胡萝卜种质资源描述规范和数据标准
4－3 大白菜种质资源描述规范和数据标准
4－4 不结球白菜种质资源描述规范和数据标准
4－5 菜薹和薹菜种质资源描述规范和数据标准
4－6 叶用和薹（籽）用芥菜种质资源描述规范和数据标准
4－7 根用和茎用芥菜种质资源描述规范和数据标准
4－8 结球甘蓝种质资源描述规范和数据标准
4－9 花椰菜和青花菜种质资源描述规范和数据标准
4－10 芥蓝种质资源描述规范和数据标准
4－11 黄瓜种质资源描述规范和数据标准
4－12 南瓜种质资源描述规范和数据标准
4－13 冬瓜和节瓜种质资源描述规范和数据标准
4－14 苦瓜种质资源描述规范和数据标准
4－15 丝瓜种质资源描述规范和数据标准
4－16 瓠瓜种质资源描述规范和数据标准
4－17 西瓜种质资源描述规范和数据标准
4－18 甜瓜种质资源描述规范和数据标准
4－19 番茄种质资源描述规范和数据标准
4－20 茄子种质资源描述规范和数据标准
4－21 辣椒种质资源描述规范和数据标准
4－22 菜豆种质资源描述规范和数据标准
4－23 韭菜种质资源描述规范和数据标准
4－24 葱（大葱、分葱、楼葱）种质资源描述规范和数据标准
4－25 洋葱种质资源描述规范和数据标准
4－26 大蒜种质资源描述规范和数据标准
4－27 菠菜种质资源描述规范和数据标准
4－28 芹菜种质资源描述规范和数据标准
4－29 苋菜种质资源描述规范和数据标准
4－30 莴苣种质资源描述规范和数据标准
4－31 姜种质资源描述规范和数据标准
4－32 莲种质资源描述规范和数据标准

4－33　茭白种质资源描述规范和数据标准
4－34　蕹菜种质资源描述规范和数据标准
4－35　水芹种质资源描述规范和数据标准
4－36　芋种质资源描述规范和数据标准
4－37　荸荠种质资源描述规范和数据标准
4－38　菱种质资源描述规范和数据标准
4－39　慈姑种质资源描述规范和数据标准
4－40　芡实种质资源描述规范和数据标准
4－41　蒲菜种质资源描述规范和数据标准
4－42　百合种质资源描述规范和数据标准
4－43　黄花菜种质资源描述规范和数据标准
4－44　山药种质资源描述规范和数据标准
4－45　黄秋葵种质资源描述规范和数据标准

5　果树

5－1　苹果种质资源描述规范和数据标准
5－2　梨种质资源描述规范和数据标准
5－3　山楂种质资源描述规范和数据标准
5－4　桃种质资源描述规范和数据标准
5－5　杏种质资源描述规范和数据标准
5－6　李种质资源描述规范和数据标准
5－7　柿种质资源描述规范和数据标准
5－8　核桃种质资源描述规范和数据标准
5－9　板栗种质资源描述规范和数据标准
5－10　枣种质资源描述规范和数据标准
5－11　葡萄种质资源描述规范和数据标准
5－12　草莓种质资源描述规范和数据标准
5－13　柑橘种质资源描述规范和数据标准
5－14　龙眼种质资源描述规范和数据标准
5－15　枇杷种质资源描述规范和数据标准
5－16　香蕉种质资源描述规范和数据标准
5－17　荔枝种质资源描述规范和数据标准
5－18　弥猴桃种质资源描述规范和数据标准
5－19　穗醋栗种质资源描述规范和数据标准

5－20　沙棘种质资源描述规范和数据标准
5－21　扁桃种质资源描述规范和数据标准
5－22　樱桃种质资源描述规范和数据标准
5－23　果梅种质资源描述规范和数据标准
5－24　树莓种质资源描述规范和数据标准
5－25　越橘种质资源描述规范和数据标准
5－26　榛种质资源描述规范和数据标准

6　牧草绿肥

6－1　牧草种质资源描述规范和数据标准
6－2　绿肥种质资源描述规范和数据标准
6－3　苜蓿种质资源描述规范和数据标准
6－4　三叶草种质资源描述规范和数据标准
6－5　老芒麦种质资源描述规范和数据标准
6－6　冰草种质资源描述规范和数据标准
6－7　无芒雀麦种质资源描述规范和数据标准